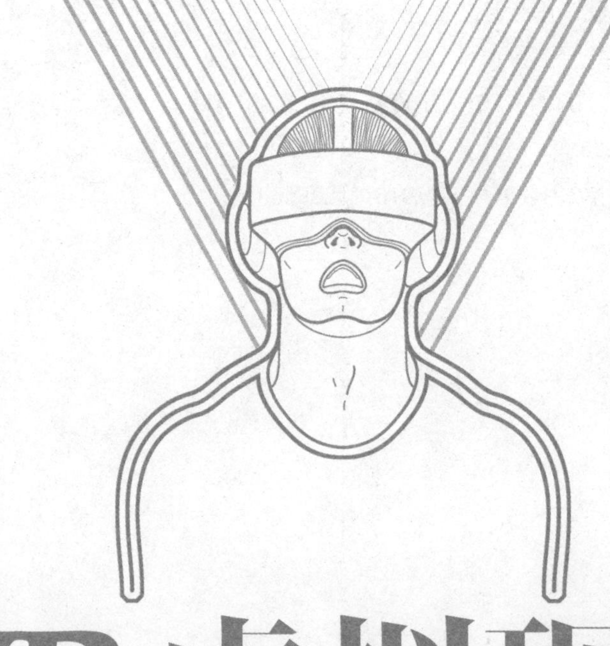

VR虚拟现实

重构用户体验与商业新生态

王赓◎著

人民邮电出版社
北京

图书在版编目（CIP）数据

VR虚拟现实 ： 重构用户体验与商业新生态 / 王赓著
. -- 北京 : 人民邮电出版社, 2016.12
ISBN 978-7-115-43400-5

Ⅰ. ①V… Ⅱ. ①王… Ⅲ. ①虚拟现实 Ⅳ. ①TP391.98

中国版本图书馆CIP数据核字(2016)第238650号

◆ 著　　　王　赓
责任编辑　恭竟平
责任印制　周昇亮

◆ 人民邮电出版社出版发行　　北京市丰台区成寿寺路 11 号
邮编　100164　　电子邮件　315@ptpress.com.cn
网址　http://www.ptpress.com.cn
北京天宇星印刷厂印刷

◆ 开本：700×1000　1/16
印张：14　　2016 年 12 月第 1 版
字数：202 千字　　2016 年 12 月北京第 1 次印刷

定价：49.80 元

读者服务热线：(010)81055296　印装质量热线：(010)81055316
反盗版热线：(010)81055315
广告经营许可证：京东工商广字第 8052 号

推荐序一

虚拟现实，信息技术的再一次进化

此刻，我坐在从北京飞往香港地区的航班上。今年夏天，由于南方降雨过多，航班延误的情况时有发生。这次也不例外，等待了 3 个小时后，终于启程。飞行、旅行，对于我们来讲，可能是日程生活中再平常不过的事。可是有一个群体，他们因为疾患，行动不便，或许余生再无飞行与旅行的机会，因此他们被剥夺了探索美景、体验游乐，甚至等待延误的权利，实属不公。若有一种方式，能让这个群体既可以不用受限于物理空间的移动，又可以有真实的探索与体验，那对于整个人类社会都是一件美好的事。

从 2015 年 8 月至今，从硅谷、洛杉矶到北京、深圳，在我深度走访过的几十位 VR 行业创始人中，当问及他们投身这个行业的初衷时，洛杉矶一家 VR 内容制作公司的创始人的回答最让我有共鸣。他原来是好莱坞的一名剧场导演，擅长场景的设置，在行业内颇有名气。他与妻子共同创办的这家公司，专注于制作高浸入感的虚拟现实体验内容。其中一款基于 DJ 音乐、舞蹈以及太空体验的内容，在 YouTube 上排名第五，点击量已经突破 650 万。他们的初衷就是，希望能利用他们的专长让那些行动不便的人也能体验到与音乐厅、剧场等同样甚至更好的体验。

2015 年 8 月，硅谷的任意一家咖啡馆的任意一桌，人们都在兴奋地讨论着 VR; 2016 年 1 月，美国拉斯维加斯 CES，其他展示区鲜有驻足的访客，而虚拟现实区域却人满为患，各大头显品牌门前都排起了长长的体验队伍。会议间隙，在餐厅旁的商店，店员一看到我的 CES 通行证，就非常激动地问我有没有去虚拟现实区域去试一试 Oculus。那个时候，在大多数美国人眼里，VR 约等于 Oculus。2016 年年初，日本已经出现了大量的 VR 主题体验馆，大多数商家都是在不同的游戏内容中配置不同类型的传感器，以使体验者的视觉和身体感应都有最真实彻底的浸入感。而那个时候，中国媒体开始铺天盖地地报道 VR，上市公司一有 VR 题材必涨，大量的游戏开发、影视后期、互联网等专业的人才开始转入 VR 内容制作领域。各种类型的 VR 论坛场场爆满，人们花数百元钱的论坛报名费去现场的目的，大多是为了体验一下论坛内展出的各种被刷爆了朋友圈的设备。2016 年，被称为中国的 VR 元年。

因为工作的关系，我经常往返于北京和香港地区。而从 2015 年 VR 浪潮涌起至今，香港地区的民众大多对 VR 是不太了解的。即使听说过，聊起来也是平静而理智的。相比在美国以及中国内地见到的狂热，反差颇大。不得不说，这一轮对于 VR 的热情与反应速度，美国、日本、以色列与中国走在了其他地区的前面。

可是，我却十分欣赏理智与平静的心态。这个世界或许根本没有黑科技，任何新技术的诞生，都有它既定的规律，都离不开这个规律范围内的研究时长。VR 也不例外。当新的科技浪潮袭来，不是一味的热情与资本的堆积，就可以让这个行业迅速崛起。媒体的追逐、资本的狂热、创业者的激情，作为一名希望为这个行业真正做些什么的 VR 投资者来说，想要置身其中，更应该保持冷静与客观。我看过很多企业，听过很多的故事与理想，也体验过很多炫酷的产品，却总觉得这个行业缺少点什么。后来我慢慢明白，缺少的是扎实感。厚积才可以薄发，没有长时间沉下心的钻研与积累，那些梦想以及红极一时的产品，就成了无根基的大厦，很难持续发展。而对于投资人来讲，无论是技术迭代层面还是市场增长层面，持续性都是非常重要的考核参数。

VR，对于我们大多数人来说都是一个全新的领域。在这个新的行业里，行动之前，无论是投资行动还是创业行动，都需要有充足的调研与知识积累。在没有可以搜索到的成体系的资料时，我们只能辗转中美各大论坛，访谈各个行业里的参与者，以此来获取信息与知识。这个过程让人收获良多。但如果在这个过程之前，我们可以做一些基础的知识积累以及系统的行业研究，可能获取信息的效率会提高很多。所以，当看完《VR 虚拟现实：重构用户体验与商业新形态》的书稿后，我很希望在去年的这个时候，在我去美国游访之前可以读到这本书，那样，我对于 VR 的理解，以及与众多创业者沟通时的感悟，甚至对投资决策的判断，可能都会有所不同。

在 2016 年 4 月的北京国际电影节 VR 国际趋势的主题论坛上，主持人让每个人用一句话寄语 VR。我很官方地套用了我们公司“Bet on good people doing good things（帮好的人做好的事）”的口号，说：“无论在虚拟的世界，还是现实的世界，我们都希望帮好的人做好的事。”而我却对另一位发言者的陈述印象深刻，他是一位美国游戏公司的 CEO，他的发言是：“虚拟世界发展迅速，但是，请不要忽略了现实世界里在你身边的人。”

王嘉

网信新影人 CEO

推荐序二

从幻想到现实

Think different, people who are crazy enough to think they can change the world are the ones who do.

——Steve Jobs

这句话是乔布斯在20世纪80年代的苹果广告当中留下的一句名言。苹果自上世纪80年代起，在设计、技术以及技术发展方向和产品哲学方面一直引领着科技的进步。早在乔布斯健在的时候，苹果就已经开始针对虚拟现实领域布局，仔细想想，虚拟现实又何尝不是一个可以改变世界的科技呢?

源于生命

因为虚拟现实技术源于科技发展的一个必经阶段——人类自有史以来，第一次将技术手段带到“感知”的层面上。

从本质上来讲，我们所接触到的小说、电影、电视、游戏，甚至是旅游、运动等，都是人类在认知层面上的活动，通过各种载体以大脑获取到的信息为输入结果而带来各种各样的体验。但是以往的体验更多是“被动式的”——人类无法控制我们所感知的对象。虚拟现实技术却非常完美地解决了这个问题，同时将科技带入了一个完全不同的层面，第一次将视觉、听觉和触觉等感知整合在一起。虚拟现实技术也

是第一次允许人类利用自然身体语言进行互联网方面的交互。可以预见到，虚拟现实技术会让人类在未来进入到“完全潜行（Full Stalk）”的状态，即各种感官均进入到虚拟环境当中，这种技术在未来的星际旅行、生命科学等方向，拥有无限的发展空间。

虚拟现实技术注定和人类的发展进程有着不可分割的联系。

从幻想出发

虚拟现实技术源于人类最基本的幻想，我们的科学家、工程师呕心沥血数载，为的就是能够实现数十年前人们最狂野的梦想。过去在电影当中的幻想产品——宇宙飞船、手机、可视通话、人工智能、纳米材料等，都随着科技的发展进步，开始逐渐走入现实世界、走入人们的生活中。虚拟现实技术作为其中的一个技术，早在 50 年前，就有人尝试在现实中实现这样的技术，但由于硬件、技术方面的不成熟，一直未能达到可成熟应用的阶段，直到近两年技术和硬件产业的不断发展，互联网巨头们的关注和投入，让虚拟现实产业越来越趋于成熟。非常有趣的一点是，现有产品的发展方向与电影中的设想出乎意料的一致，可以说，《创战纪》《刀剑神域》等幻想作品当中的构想，给虚拟现实技术的发展指出了一条非常清晰的发展路径。

剩下的工作，就是要如何实现这些构想。

内容为王

不管是过去、现在还是未来，虚拟现实产业所无法摆脱的一个核心问题就是如何持续、有效地产出内容。

单纯地通过美术人员去进行内容设计制作的时代已经过去了，现在的内容生产势必要经历自动化生成这个阶段，只有实现快捷、便利、低成本的生产，虚拟现实技术才能真正进入到快速爆发的阶段，才能在现实生活中快速普及。

浮浮沉沉

2016 年被称为是“虚拟现实元年”，但是此次虚拟现实的蓬勃发展，已经是虚拟现实技术第三次进入到大众视野当中了。

20 世纪 90 年代，索尼、三星、任天堂等公司已经在虚拟现实领域开发出了一系列让人印象深刻的产品。例如，任天堂出品的 VR 眼镜是当时世界上绝无仅有的游戏 + 虚拟现实的伟大尝试，现有的游戏体验几乎都是源自于当时革命性的尝试，但是由于种种原因始终未能在大众当中普及。

2000 年后，随着微软、诺基亚等公司尝试将虚拟现实应用于工业等实地环境当中，虚拟现实技术又一次迎来了热潮，这次热潮第一次检验了虚拟现实应用在实地环境中的结果，找到了许多应用方向，也在寻找应用方向的过程中发现了虚拟现实技术及硬件的瓶颈。这次虚拟现实技术革命，带动了欧洲和美国虚拟现实技术的极大发展。

以史为鉴，每一次产业革命，都伴随着技术和硬件的巨大变革，虚拟现实领域也不例外，每个产业的发展都伴随着巨大的商业机会与巨大的资本投入。这一次，我们可以说，虚拟现实的时代真的来临了。

虚拟与未来

虚拟现实即是未来，现实虚拟化即是技术发展的重要方向。

基于有迹可循的发展路径，虚拟现实技术的发展在从幻想到现实的转化过程中，势必会催生出一系列精彩的产品和应用。我们甚至可以预言，下一个“谷歌”就会出现在虚拟现实产业中，在未来 5~10 年的主流的虚拟现实应用场景甚至还在现实生活中出现。虚拟现实产业的前景是非常诱人的，就好像一片美丽而危险的处女地，只有最勇敢、最有远景的探险家才能开拓这片尚未被探索过的土地。作为一个对虚拟现实产业有期许的企业家，如何利用自己的理想、技术、思想来借助虚拟现实改变世界，才是大家需要去认真思考的问题。

想要“Think Different”（非同凡响），就要了解虚拟现实。本书从各个层面介绍了虚拟现实技术的历史、发展过程、技术核心、商业生态、哲学思辨等内容，堪称关于虚拟现实技术的百科全书。如果读者想在虚拟现实领域成就一番事业的话，本书会是一个非常好的开端。

崔升戴

金花电子商务有限公司 CEO

推荐序三

打开 VR 虚幻之门

2016 年被称为“虚拟现实元年”，“VR”这个词红透了各大社交媒体和网站。当我们打开手机、电视或走进卖场时，几乎每个角落都渗透着这个概念。国内硬件、软件、媒体行业的 VR 创业公司如雨后春笋般层出不穷。大型媒体传播商在其背后推波助澜、搭建平台。三星、Facebook、HTC、Sony 等国际巨头更是将 VR 体验设备变成了触手可及的产品。在上海一年一度的 ChinaJoy 展会（中国国际数码互动娱乐展览会）上，各家的 VR 展台往往是人满为患。而 Google、高通也开始悄然地布局 VR 生态，树立全新的 VR 行业标准。

我们为什么如此热衷于 VR？它是存在于人们大脑中的假象，还是另一个更真实的世界？其价值又该如何评价？我们要去迎接虚拟世界还是要远离它？它将如何改变我们在现实生活中的行为？有人说 VR 就是这个时代的风口，是下一个用户爆发式增长的浪潮。那么当这个浪潮来临时，我们该做些什么呢？有人说这是一个创业者们群雄逐鹿的年代，所以人们不想再错过这个风口。如果读者正处在 VR 创业的浪潮中，或正要投资一个 VR 创业项目，或是需要通过 VR 技术改善自己的企业、带动新的经济效益，那么本书或许可以帮助读者找到答案。本书相当全面地从多学科的角度，系统地阐述了虚拟现实行业发展所需要思考的问题以及解决途径。

我们谈论虚拟现实，不仅是因为它给我们带来了一个全新的视觉体验，更是因为人们对虚拟世界有着强烈的探索欲望。《人类简史》一书中提到，我们智人在历史舞台中的胜出，其根本原因是智人的大脑具有创造故事的想象力，可以在脑中塑造虚拟的事物并描绘它们之间的关系。更重要的是我们相信这些虚拟事物的存在。当智人可以通过语言表达出这些虚拟的信息时，它们就成了真实世界的一部分。这些故事驱动着人们为此团结起来，从而将故事中的目标变成现实。在这个过程中，去感受这些虚拟的信息的穿梭。我们的大脑不仅可以自我构想在现实世界中看到的事与物，更重要的是还可以去理解他人对虚拟事物的描述，并重新构建、相信其真实性。

在我们打开一扇新世界的大门之前，需要经过的路还很长。我们还需要在这条路上铺设公路，建设旅店和补给站等。众所周知，真正的市场消费点仍然会集中在内容上，而设备先行是必然条件。硬件树立的基本可用性的根基直接导致市场所能接受的广度与速度。在现阶段，VR 硬件领域需要解决的技术问题还有很多，例如虚拟交互、空间定位检测、立体视觉等。每一个问题都可以作为一个创业项目去成立一家公司。只有在攻克了各个领域的技术难点后，虚拟现实头盔才能具备颠覆产业、创造新行业的能力。当然，这个过程需要硬件公司与软件公司具备良好的信任关系，共同付出努力，才能让虚拟现实真正地进入市场。本书对虚拟现实头盔的硬件的基本形态也做出了比较清晰的划分，一种是适合移动场景的便携式 VR 头盔，另一种是与主机连接的全体验式 VR 头盔。在这两种设备类型中，前者代表了普通消费市场的机会，而后者更多的是在行业市场和处置消费市场中施展拳脚。在这些头盔中，不管人们如何评价 CardBorad、一体机，还是连线复杂的 PC 头显的可用性与价值，顺应时间与空间的约束，抓住风口的势能才是不变的道理。

通过这条公路，来到虚拟之门前。我们期待门后的情形又是怎样的呢？全新的视觉体验带给市场的爆发机会聚焦到了游戏和视频领域。书中详细地描述了 Oculus 的发起经历与崛起过程。Oculus 从游戏体验的角度探索，凭借以假乱真的体验、从未看到过的视角，让第一次体验虚拟现实头盔的人不能在地面上正常站立。Oculus 让人们看到了虚拟现实背后巨大的发展潜力。在过去的几十年里，3D 计算机游戏的发展已经对虚拟世界的建立打下了坚实的基础。在虚拟世界中，更打动消费者的仍然是虚拟社交。作为人脑意识的存在，无论面对现实世界还是接触虚拟世界，都需要形成社会。只有社交行为和社会的存在，才能证明每一个个体的价值。我们在社交的过程中可以看到自我是如何影响他人、影响世界的。人与人时时刻刻的连接才是构建共同梦想的基础。

每个人的梦境只出现在深邃的脑海意识中。它本身是虚无的影像，本书也对梦境进行了深入的讨论。做梦的过程就是在构建、还原一个世界。有时它有着完美的体系，有时它也残缺不全。在这个世界里有虚拟的人物、环境、场景、故事情节。弗洛伊德在《梦的解析》中解释了梦与潜意识的相关性。在人们的梦中混合着人们内心深处的目标、理想与欲望。我们相信，VR 的发展和人们对虚拟世界的探索是不会停止的。因为我们可以在虚拟世界里创造梦境，让它更真实可见。我们已经将曾经出现在梦境中的一个个目标变成了现实，谁又知道下一个实现是虚拟的还是真实的?

刘俊峰

众景视界合伙人，曾任职于摩托罗拉、联想的产品技术部门

前言

虚拟现实 VR 忽然间成为科技界最热门的词汇与领域，对于人们而言，仿佛又是一场不可缺席的盛宴，觥筹交错、歌舞升平，也许还能预见到盛宴狂欢之后满桌的凌乱。人们对这种热炒而又快速冷却的概念似乎都已麻木，一些人摩拳擦掌等着来搭这阵东风，一些人又开始预言虚拟现实的热度会迅速过去。无论何种观点，都有自身的道理。虚拟体验与互联网其他热门趋势又有着很大的不同，由于其本身独立且多层次纵深的体系，导致其在发展初期呈现给市场的产品必然达不到人们对热点科技消费产品的期待，并且无法快速形成成熟化的产业模式。从另一个角度来看，这也意味着虚拟体验必定要经历一个很长的发展过程，会经历不同的技术与内容的发展平台期。

笔者对这个未来可能会成为主要信息应用平台的趋势非常感兴趣，且这个趋势有足够长的时间去发展与演化，这是让人最为着迷的产业远景。也是因为如此，笔者觉得无法通过当下的产品与应用简单地对这个产业的未来进行准确的评估，遂开始了一场尽可能全面的思维探索。以笔者自身的交互设计专业背景、信息产业从业和创业经验，并以对信息产业的历史回顾为基础，从个人角度出发，尽力去理解虚拟现实、增强现实以及感知体验经济中存在的可能性。

首先，笔者从认知、体验的角度，来解释虚拟体验所使用的原理及应用效果，帮助读者理性地理解“虚拟”及“现实”到底是如何发生的，有助于读者更好地独立思考；其次，笔者结合自己在信息产业领域探索及思考的经历，以行业及产业发展的规律为基础，分层次地解读虚拟体验产业参与者的定位及价值，让读者有机会能更加结构化地了解产业分工及发展空间；最后，笔者通过影视作品中畅想的未来场景，向读者展示当虚拟体验经济及产品更加成熟的时候，我们的世界与生活将会有什么变化，让读者在了解了虚拟现实的原理及产业之后，对我们将要面对的未来有一个具体的认知。

兴趣是最强大的驱动力，笔者从幼年时期到学生时期，再到投入到信息产业中，身边有很多对新生事物有巨大兴趣的师长与朋友，这些人让笔者可以保持对新生事物强烈的好奇心与兴趣。笔者在香港理工大学交互设计专业读书时，导师辛向阳博士在课程及项目指导之外，对笔者及同学们的兴趣与好奇心给予了很大的支持与引导，并不断拓展大家的事业与想象力，为所有同学未来的发展打开了巨大的空间。在毕业后的几年里，笔者分别以实习生及工作者的身份参与到微软、联想、腾讯的前沿创新项目中，这些团队开放和勇敢的态度，让笔者参与到真正前沿的信息科技创新的过程中。笔者在微瑞思创大数据的创业发展过程中，其他 4 位创业合伙人（夏振宇、赵珩、周像金和杜云龙），以及其他直接参与公司发展或间接提供参谋建议的同事、朋友和投资人，都为笔者在信息产业中实践落地并逐渐形成自己完整的产业理念提供了很大的帮助。2016 年伊始，在微信中相互讨论及分享经验的笔者的同学，他们包括但不仅限于许晓晖、韩超、王蕊、高霖、丁凯和黄何，其中许晓晖与韩超也参与了本书部分内容的资料搜集和编写，因为他们强烈建议笔者将之前进行过的各种讨论的内容整理成书出版，这才有了现在读者看到的相关内容。感谢为本书作序的三位友人，以及对本书进行推荐的各位朋友和师长，相比于笔者坐而论道，这些人都是产业的重要参与者与促进者，在与这些人的沟通中，笔者体会到了不同角度的思维和价值，受益良多。最后要感谢人民邮电出版社的编辑恭竟平小姐在整个出版过程中付出的巨大努力，才能让笔者将记录在各处的思考结果有效地整合在一起，形成一部完整书籍得以出版。

虚拟体验大幕徐开 /001

01

虚拟感知虚拟世界 /033

02

第三章 现有的商业生态 /053

第四章 基于虚拟体验的商业大戏 /085

第五章 虚拟体验行业实践的路径 /139

第六章 虚拟与现实带来的冲击与思考 /167

真假难辨的未来世界 /185

第一章

虚拟体验大幕徐开

“灯光缓缓变暗，紫红色的丝绒幕布也不再摆动，身边的世界变得暗淡下来。每个人都被黑暗包围着，声音也渐渐弱了下来。所有人的注意力都集中在幕布的中间，连时间都好像静止了一样。”

“突然，幕布嗖地一下被分开了，灯光直射在舞台的中央，一只巨大的猛犸象迈着沉重的脚步，走向了舞台的中央。一群鸟儿从树丛中被惊起，哄的一下从舞台中飞出来，飞向观众席，在观众席上空一阵盘旋之后，鸟儿一边婉转地鸣叫着一边飞舞着，先后飞到一个个对应的观众面前，展开一直抓着小卷轴的爪子，向观众展示了今晚的节目单。节目单微微发光，每个字从卷轴上飘起来，又在空中重新排列好，泛着色彩斑斓的幽光。观众们发出一阵惊呼。动物大世界的演出正式开始！”

这个离奇的场景必然不是发生在现实世界的事情，如此训练有素的鸟儿在现实世界中可能永远也不会出现，即使出现也会把现场弄得一片狼藉。这是虚拟现实中的场景。在虚拟世界中，我们可以做很多以前只能想象的事情、经历以前难以获得的体验、看到以前没有见过的世界、体会以前未曾想象的神奇、控制以前不曾控制的事物、完成以前不可能完成的工作……所有这一切的开端都源于人们认知能力的提升，通过技术的更新不断地提升对真实世界、抽象世界和虚拟世界的感知和控制。

今天，我们可以通过虚拟现实技术逐渐地对认知能力进行更好的连接，通过视觉、听觉、触觉、味觉、冷热、重力方向和自身旋转来实现更加真实的感知。我们可以说，我们已经开始建造和现实世界一样现实的虚拟世界了，相信在不久的将来，虚拟世界会比真实世界更加怡人和有趣。而所有的这些，都将随着智能虚拟现实的设备和应用在消费市场的逐步渗透而变成现实。在 2016 年，这个过程变得更为可见，虚拟现实的发展速度在资本的驱动下正在全面加速。可尝试、可触及，是一个产品渗入市场的最好办法，也许虚拟现实的初代市场产品给人的感觉并不是那么完美，呈现的应用也并未达到人们预想中的效果，但是我们依然对它充满着希望。现在正是这场大戏徐徐拉开序幕的时候，所有好戏即将开演，我们现在最应该做的就是尽快了解和感知它。在这个充满机遇和挑战的信息产业市场中，蕴藏着巨大的商机，需要参与者与消费者一起去探索。

虚拟体验可以是完全沉浸的虚拟体验，即整个人的各项感知完全进入到虚拟世界进行体验，我们称之为虚拟现实（VR）；也可以是通过技术手段把虚拟对象和内容叠加在现实场景中，我们称之为增强现实（AR）或混合现实（MR）。

将来会有更多的硬件产品以各种形式为我们展示虚拟世界里的各类内容和体验。在虚拟体验的应用中，我们接受到的信息不再是屏幕上的图片、文字、视频和声音，而是通过更好的虚拟技术整合在一起的身临其境的体验；内容也不再被屏幕所限制，视觉范围被扩大到我们本能感受的极限——360° 的环视；呈现内容的方式也不再是手机上图形界面里的列表和图标，而是变成了在虚拟世界中有体积、有形状、有距离、更加真实的感知。

电子游戏曾经通过与虚拟体验不同的方式在屏幕上为我们展示了虚拟世界的场景，现在通过虚拟体验技术和产品，我们能真正地跨越屏幕的阻隔置身于虚拟世界中，或者将虚拟世界的物品“放置”到现实世界中。虚拟体验作为真实世界与数字世界的过渡，可以让使用者如同在真实世界中一般更自如、更自然地与数字世界互动，也可以用数字世界的内容来帮助使用者在现实世界获得更好的体验。

在过去计算机出现的 70 年里，人们通过计算机及数字内容进行沟通，虽然随着用户界面的改善，交流变得更加容易，用户体验也更加直接，但是依然需要人们去适应机器的特点。而且数字世界也无法和现实世界实现真正的连通，只能通过屏幕进行视觉化的互动。在虚拟体验中，从全景的视觉到精准定向的声音，再到姿态感知和多种味觉、触觉的回馈，使用者第一次全面感知了一个与真实世界如此相近的“非真实”的世界。这种体验甚至让我们怀疑了我们通过感知来认识的现实世界的真实性。也许在不久的将来，真实世界与虚拟世界已经融合的无法分开，合二为一形成以人的感知为中心的“整合感知世界”。

这一切都将随着虚拟体验产业中的 VR 产业的火热启动拉开帷幕。大幕已开，未来可期。

1.1 虚拟体验的概念及相关定义

首先，让我们先对虚拟体验做一个名词定义，由于历史发展的变迁，很多概念和产品经历了发展和演化，很多单词的意义早已发生了变化和引申。比如 VR 这个单词，早已经无法具体指代某个特定的事物，它可能是 VR 头盔眼镜，也可能指代通过虚拟技术完成的各种各样的体验或者设备。虽然 VR 是使用范围最广、流传最远的概念，但是为了防止混淆，笔者会尽量避免直接使用这个词，所以现在为大家梳理一下虚拟体验的概念与名词，方便后面和大家的沟通与探讨。

虚拟现实设备及应用（Virtual Reality, Device and Apps）VR: VR Device, VR Apps

准确来说，现在大家常说的 VR，就是特指可以通过全覆盖式头盔，来从视觉上输入完整的虚拟世界内容的体验。它需要通过重力感应装置或者其他更高端的感应器来感知使用者的姿态，进行真实环境的模拟，显示出来的内容会配合使用者的头部动作进行跟随。从使用者视角来看，在他转动视角时，虚拟世界里的物品没有动，只是使用者自己转头了，称作视角跟随。再辅以双眼成像细微差异的双眼信号，形成视觉的空间立体感，让使用者感觉自己置身于一个真实的空间中，有“身临其境”的感觉。用视角跟随技术结合相对真实的虚拟空间显示效果，为使用者塑造了一个视觉感知中的虚拟世界。

这种体验与双眼观看现有的手机或计算机屏幕的平面显示的体验完全不同。虚拟现实中的场景无论是通过拍摄或是通过开发建立，并不和真实世界产生交叠。这一点与其他的虚拟体验方式如 AR 及 MR 是有区别的。

现阶段，基于 VR 设备的具有虚拟现实体验的产品正在如火如荼地发展着。

增强现实设备及应用（Augmented Reality, Device and Apps）AR: AR Device, AR Apps；**混合实境设备及应用**（Mixed Reality， Device and Apps）MR: MR Device，MR Apps

增强现实技术及应用同样源于由技术出发的应用设想，而最先为我们直观展示其效果的，依然是各类影视作品。AR 与 MR 的实现效果，实际上是相似的，都是把虚拟的对象呈现在现实的实境之中。但根据笔者实际考察的结果，AR 跟 MR 呈现内容所使用的技术有很大不同，AR 产品主要是通过屏幕或半透明头盔来呈现信息；而以 Magic Leap 公司为代表的 MR 产品，是通过视网膜成像技术，直接在视网膜上形成视感。从宣传视频来看，MR 的产品效果更让人震撼。

无论 AR 与 MR 通过虚实结合技术体现出的场景有何不同，两者的核心价值，包括应用场景的设定是非常相近的，所以笔者将其归为一类。但是这并不代表现实效果和技术不重要，只是将知识按照体验的内容形式来划分，更容易进行后续关于商业及应用内容的讨论。笔者不但不否认现实技术方案的提升带来的价值区别，反而更关注技术手段的提升所带来的价值。结合笔者自身参与的最早期 AR 项目的开发经验，现实技术的展示效果及方式对最终的使用者体验有很大的影响，只有当显示效果可以让人在放松自如的状态下很顺畅、高效、舒服地使用时，才有机会更加全面地体现出平台的价值。

从趋势上来讲，AR 是基于 VR 的必要技术发展而来的，它是结合了最新的技术和思路形成的最新的应用方式。AR 产品的成熟程度和探索程度还不及 VR 产品，可以将其视为比VR产品晚一代或半代的产品，而其能无缝整合虚拟世界和现实场景的能力，却比把人一直禁锢在纯虚拟空间中的 VR 有更长足的发展空间和更高的商业价值。

虚拟体验（Virtual Experience）{ VE | VR, AR, MR }

虚拟体验这个概念是笔者特意引入的，主要是为了防止直接使用 VR 这个缩写词所带来的混淆。在虚拟技术及体验发展的过程中就一直用 VR (Virtual Reality) 来指代所有的虚拟技术的试验及应用，但是随着增强现实AR、混合现实MR的出现，VR 又专门指代通过头戴式设备进行全面视觉独占的设备。那么笔者就用虚拟体验来指代不同的虚拟应用，这些应用包括 VR、AR、MR，以及未来通过虚拟技术开发及实现的任何其他新的体验概念和产品。虚拟体验的概念一般用在我们对于体验、应用场景、商业价值这类非指定具体设备的讨论中。因为通过各类技术建立的虚拟体验的产品本身极具特征，所以把这个概念进行集中讨论。

1.2 大幕徐开初登场

从 2015 年 9 月开始，虚拟现实（VR）这个看似古老的概念又在我们身边和网络上逐渐地被提及，除了公众模糊的认知外，更让人意外的是投资数额以亿美元计算的天文数字。在这个懵懵懂懂的时间点上，其实整个趋势已经逐渐具备了启动商业及资本机器的基础条件。下面我们就来了解一下这些条件。

1.2.1 初代虚拟体验产品就绪

因为初代虚拟体验产品的就绪意味着虚拟现实拥有的巨大的想象空间即将投入市场，下面我们就来列举一下有哪些初代虚拟体验产品。

Oculus

Oculus
（来源：www.Oculus.com）

说到虚拟现实头戴设备就不得不提 Oculus。它在 2012 年 8 月登陆 KickStarter 众筹，当时筹资将近 250 万美元，可以说 Oculus 开启了消费级虚拟现实的先河。2014 年年底，Oculus 被 Facebook 收购，它借助 Facebook 的资源支持所构建的 VR 游戏、外接设备等已初具规模，包括 Oculus 自己的游戏手柄等都开始面世。Oculus Rift 虽然是独立的产品，但还是需要配合计算机来使用。Oculus 在国际上十分有名，其最新产品 Oculus DK2 在国内的价格是 5000 元以上，所以不推荐家庭首次购买（“土豪”用户除外）。

三星 Gear VR

三星 Gear VR
（来源：www.Oculus.com）

2014 年 7 月，三星对外透露了其虚拟现实眼镜 Gear VR 的开发计划，引起了业界的高度关注。Gear VR 于同年的 12 月正式亮相。不过使用 Gear VR 的用户必须与三星的 GALAXY Note 4 手机捆绑使用，并确保手机系统升级到最新版本，同时用户还必须把 Gear VR 附带的 16G micro SD 卡插入手机中。因为这款产品需要三星 GALAXY Note 4 手机作为显示屏，才能提供相关的体验。所以在 VR 内容方面，三星则与 Oculus 建立了战略合作关系，完全兼容和采用 Oculus 游戏平台上的内容。同时，由于 Gear VR 采用的是手机式设计，所以用户可以体验 Google Play 上的所有 VR 应用。而且 Gear VR 不需要配合计算机使用。三星 Gear VR 售价当时定为 200 美元。

Project Morpheus: **索尼的黑科技**

索尼在 2014 年的游戏开发者大会（Game Developers Conference，GDC）上正式公布了旗下首款虚拟现实眼镜 Project Morpheus, 随后知名游戏引擎 Unity 也宣布最新的 5.0 版本将为 Project Morpheus 提供支持。该设备具有 1080p 分辨率、非球面镜、90° 视野、环绕立体声等特点，通过 5 米的连接线与 PS4 相连，能追踪用户头部和身体的移动，从而更好地实现虚拟现实。索尼的研发部主管 Richard Marks 曾表示，索尼研发 VR 设备已有 4 年之久，从 2010 年研发 PS Move 开始，便成立了一个专门研发 VR 设备的内部小组，并非受到 Oculus 的压力。同时，索尼也在和 Epic 等游戏厂商合作，研发适合于 VR 的游戏内容。但索尼对 VR 设备的野心远不限于游戏。Marks 还表示游戏只是索尼 VR 设备的第一步，索尼希望以后的 VR 设备能进入每个人的生活。比如买房、选衣服，这些都可以先通过 VR 设备进行"真实的"远程感受后再做决定。在某种程度上，这与 Facebook 创办人马克 · 扎克伯格所预想的虚拟现实的未来有某些重合之处。

Google Cardboard

Google Cardboard
（来源：http://vr.google.com）

2014 年 7 月，在 Google 年度开发者大会上，Google 向参加会议的人员免费发放了 Google Cardboard（纸板虚拟现实眼镜）。从虚拟现实的原理上来说，Cardboard 和 Oculus 的原理完全一致。都是利用人体左右眼视觉差，通过光学镜片及眼镜的光路设计，让人眼看左右分屏格式的内容时，在人眼视网膜处形成图像叠加，从而形成立体体验。在构建虚拟现实内容方面，Google 推出了虚拟现实开发工具套装 VR Toolkit，帮助开发者将自己的服务和应用与 Cardboard 相结合。目前，在 Google Play 应用市场上，已经可以看到很多相关的 VR 应用。Google Cardboard 纸盒的成本价仅 2 美元，其在第三方的售价也仅为 24.95 美元。价格便宜是 Cardboard 的一大优势，但“纸盒”戴在眼睛上的舒适度还有待考量。

1.2.2 开发环境就绪

想要制作虚拟现实产品的内容，软件开发环境是必备的。软件开发环境 (Software Development Environment，SDE) 是指在基本硬件和数字软件的基础上，为支持系统软件和应用软件的工程化开发和维护而使用的一组软件。它由软件工具和环境集成机制构成，前者用以支持软件开发的相关过程、活动和任务；后者为工具集成和软件的开发、维护及管理提供统一的支持。

Unity 努力成为 VR 的最佳开发环境。在 2015 年召开的 Unite Europe 会议上，Unity Technologies 公司的技术总监 Lucas Meijer 在谈到虚拟现实及 Unity 对 VR 所做的承诺时表现得饶有兴致。Meijer 说：“Unity5.1 及之后的版本将对 Oculus 和 Gear VR 提供开箱即用的支持。我们将继续跟进以使 Unity 成为开发 VR 的最佳、最快的环境。在 Unity 提供的开发环境中，你可以尝试很多事情，并帮助你寻找 VR 的体验类型和交互模式。”Unity 支持大部分的平台，包括 PlayStation 4、Xbox One 、Android、Windows，2015 年还增加了 Oculus Rift 以及 Gear VR 两个平台。

简单来说，Unity 提供的开发环境创建了一个类似于苹果 APP Store 的生态系统，开发者可以基于这套开发环境更方便地创造出用户可以消费的内容，还可以在开发环境及相关社区中分享开发经验，降低开发难度。

1.2.3 消费者跃跃欲试

2016 年的国际消费类电子产品展览会（International Consumer Elecrtronics Show，CES）于美国拉斯维加斯开幕，不管是从 CES 的开幕式，还是展馆的布置与现场的火热程度来看，虚拟现实都达到了一个新的高潮。CES 官方提供的数据显示，相比 2015 年的 CES，今年的游戏和虚拟现实展区的总面积扩大了 77%。VR 已经被很多业内人士认为是下一个时代的交互方式。本次 CES 展区中，VR 游戏、VR 视频等体验区内人头攒动，Oculus、Glyph 等展区更是排起了长队。

IHS 数据发现，2014 年—2015 年，77% 的虚拟现实的投资或收购都与虚拟现实娱乐有关，IHS 还预测 2016 年 PlayStation VR 将卖出 150 万台、Oculus Rift 将卖出 56 万台、HTC Vive 将卖出 44 万台。其中索尼的 PlayStation VR 的销量将超过 Oculus Rift 和 HTC Vive 的总量，三大头显累计将卖出 250 万台。

1.2.4 高盛的报告解析

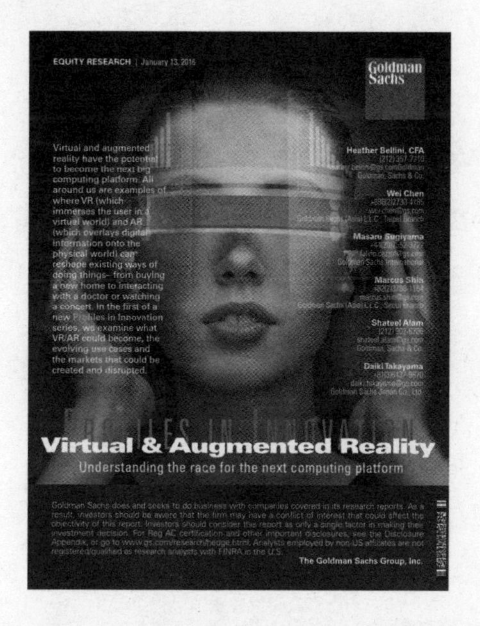

高盛报告的封面
（来源：http://www.goldmansachs.com/our-thinking/pages/virtual-and-augmented-reality-report.html）

2016 年 1 月，高盛发布报告称，到 2025 年全球虚拟现实（VR）市场的年营收规模将超越电视机的市场规模。报告还称，在未来 10 年内，虚拟现实的市场规模将达到 1100 亿美元，而电视机的规模仅为 990 亿美元。

高盛的预期仅基于硬件销售额，即与电视机直接竞争的领域。此外，高盛还预计虚拟现实软件的销售额可达 720 亿美元。如果加上该数据，意味着届时虚拟现实领域总营收将达到 1820 亿美元，几乎是电视机市场的两倍。

在报告中高盛提出了以下 4 个观点。

1. 普及较慢，潜力巨大。高盛认为，VR 的普及将比智能手机和平板电脑的普及耗时更长。该行分析师指出，随着科技进步，零售价下降，以及出现的全新的企业和个人应用市场，我们相信 VR 有望孵化成为数十亿美元的产业，并可能和 PC 一样具有划时代意义。

2. 市场规模取决于接纳程度。高盛分析师通过考虑潜在用户、接纳情况和未来定价等因素，得出了 800 亿美元的行业营收预测。其中 800 亿美元是基本的市场规模，如果用户接纳的速度更快，那么可能将市场规模推向 1820 亿美元。

3.VR 可能应用的 9 个领域，从视频游戏到零售。其中视频游戏占比最大，但从医疗到房地产的各行各业都可能受到冲击。

4. 头戴式 VR 设备的价格会随着科技的进步而下跌。这是科技产品被采纳的关键因素。高盛预计了未来的成本结构。该机构称：“我们发现，过去 20 年中，主要硬件产品每年的价格跌幅在 5% ~ 10%。

（中文版本报告参考网址 http://tech.qq.com/p/topic/20160202010706/index.html）

1.3 虚拟现实的历史与黑暗时期

为了更好地了解虚拟现实技术的前世今生，我们先来回溯一下历史，这能帮我们对现在即将产生的巨大变化有更好地理解（信息来自互联网检索）。虚拟体验的发展可以划分成以下 3 个时间段。

1.3.1 1968 年 –1995 年的探索期

虚拟现实的概念从无到有，并不断明确。沉浸式虚拟现实设备被开发，首先应用在军事、航天等领域。

1968 年，“虚拟现实之父”美国科学家 Lvan Sutherland 研发出视觉沉浸感的头戴式可视显示器（HMD）和头部位置跟踪系统。

1982 年，美国军方开发了带 6 个自由度跟踪定位的高清头盔显示器 VCASS，第一次实现了完全沉浸式的 3D 虚拟视觉。

1989 年，美国 VPL Research 公司创始人 Jaron Lanier 提出了“Virtual Reality”的概念，VPL Research 公司持有许多 20 世纪 80 年代中期的 VR 技术专利，他们开发了第一个被广泛使用的头戴式可视设备（Head Mount Display，HMD）。

1.3.2 1995 年 –2015 年的发展期

虚拟现实设备以头戴式 3D 显示器落地于消费级市场，此阶段以挖掘用户需求、构建生态系统为主要特征，产品同质化严重，技术优势不明显。

1995 年，任天堂公司发布了首个便携式头盔 3D 显示器 Virtual Boy，并配备了游戏手柄。

2001 年，在德国汉诺威消费电子信息及通信博览会（CeBIT）中，Olympus 推出了索尼 PS2 专用版本的 Eye-Trek 头戴式显示器。

2012 年，索尼推出了 HMZ-T1 3D 头盔式显示器。HMZ-T1 3D 具备 OLED 显示器，拥有 45° 视角，它的视觉效果是矩形的屏幕。

2013 年，Orculus Rifts 推出了开发者版本，该版本使用陀螺仪控制视角，使用户几乎感受不到屏幕的限制。

2014 年 -2015 年，Google 推出了头戴式手机盒子，Cardboard、三星、英伟达、雷蛇、暴风科技、蚁视科技等企业也都推出了各自的虚拟现实产品。

2016 年以后的高速发展及市场成熟期。

目前，虚拟现实的生态系统已搭建完毕，产品也已被消费级市场所接受，并广泛应用到行业市场。在市场启动期出现了市场壁垒小、产品同质化严重的现象，但在未来，经过行业洗牌之后，市场寡头可能会出现。

虚拟现实，其实并不是全新概念，过去的 30 年中各类虚拟现实的研发和试验层出不穷，影视剧作品也不断地描述使用相关技术应用时所展现的震撼效果。可实际上，对于真正的虚拟现实的技术和应用来说，目前正在进入真正的黑暗时期，即技术验证和演示已经完成，但从硬件到技术，还不能支持虚拟现实技术进行市场化、普遍化的推广。虽然仍然有越来越完善的演示和试验出现，但是商业发展的时机依然未到。

我们通过观察历史可以发现，在一个概念发端的年代，人类的想象力会由一小部分意识超前、想象力超群的引领者来进行预言式的定义。这种创造性的预言和在技术不足够支持的条件下的尝试，会随着引领者精力的不断投入而现线增长，而当遇到引领者本身的天赋或能力的上限时，新的预言和创造就会减少。而技术的发展和积累，一开始都是零星的，而且在应用未能产业化也没有资本支持的情况下，是没有机构对其技术进行针对性开发的。实验室里只会针对性地研究一些可实现的技术方案，距离规模化、商业化还是有很大距离的。而很多时候，一个应用的发展是被另外一项更实际的应用的商业化发展而带动的。比如航天业对美国第二次世界大战后加州科技发展的带动，就有着不可估量的价值。随着各个实验室零散的发展，不断通过行业交流、其他产业的发展带动而逐渐拼凑出完整的、可商业化实现的模型时，其发展就会迅速进入高速成长的阶段。

如果把预言者的思维创造和技术发展带来的进展进行一个图像化，随着时间的推移，两者的创造力会呈现出图 1-1 所示的变化。当技术穿越引领者的贡献的时候，即“贡献超越点”，这一时刻我们几乎无法记录，因为曲线变得陡峭，在一个时间点内迅速爆发。我们更希望的是，找到技术驱动曲线斜率超过预言者斜率的那一刻，即“发展速度超越点”。因为穿越是必然的，所以在斜率相同的那一刻，我们还有时间准备迎接这个趋势的爆发。从发端零点到“贡献超越点”的整个时间内，技术对于一个应用的贡献都要小于预言和模拟所带来的价值。这个阶段，我把它叫作“黑暗时期”。

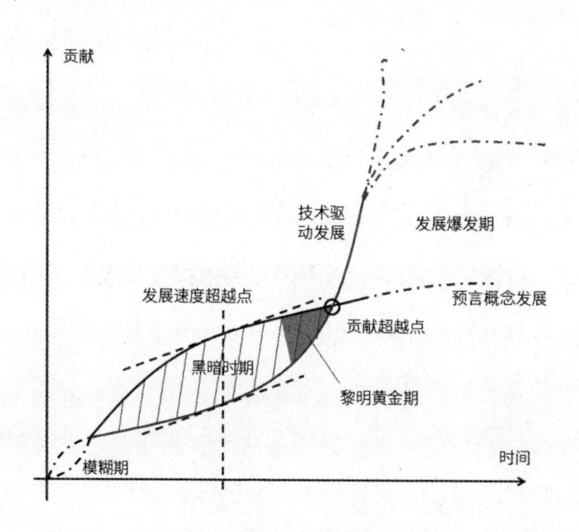

图 1-1 预言者的思维创造和技术发展的变化

在这段黑暗的时间里，发展最快的反而是各类影视作品。这些影视作品并没有受到技术发展速度的禁锢，而是随着社会想象力的拓展，在影视后期技术不断发展的过程中，为大家呈现出更多酷炫、吸引人的虚拟现实与真实交叠的奇幻体验。

现在，虚拟体验的发展已经过了“发展速度超越点”，在向着“贡献超越点”飞速发展。过了“发展速度超越点”之后，就进入了黑暗时期的后半部分，这部分是名副其实的黄金区。在这个阶段，非常适合各类投资、创业公司的进入。我们可以真切地感受到整个行业的发展速度是任何一个人的成长速度所不能及的，这种成长是行业性的、趋势性的。而过了“贡献超越点”之后，其实就进入了全面的价值回报的“发展爆发期”。这个阶段可能会长久地持续增长，也可能在经历一个发展阶段后，进入一个平缓的发展生命周期。

就个人而言，无论是瞄准这个产业早早地进行知识能力的储备，还是直接成为各类应用的早期体验者或最早的骨灰级玩家，都是大有裨益的。

1.3.3 黑暗的尾声就是黎明

近几年，随着移动设备的发展和计算能力及屏幕显示能力的提升，我们可以相对容易地得到民用的高计算力的电子产品。随着 Oculus 被巨额收购，消费市场、设备厂商、商业运营机构及投资领域集体向虚拟现实行业投来了火热关注的目光，VR 的概念算是真正浮出了水面。而在背后支持的是高速发展的移动芯片的研发制造和应用能力，是发展了十几年的移动通信设备的市场积累，是研发了近八年的智能手机和相关零部件制造及加工的精细化制造的升级，是移动应用场景的产品创新、移动应用技术开发及渠道社区的运营经验的积累。所有这些分散发展的技术又准确地在同一时间汇聚在一起，把个人移动设备从“装备了触摸式屏幕的智能电话”变成“为使用者展示虚拟信息直观感受的个人信息中心”。

可以想象，当产业迅速突破“贡献超越点”的时候，各类超越想象的应用如春花怒放般爆发出来的场景。仅是在脑中幻想，就已经让人激动不已。

1.4 下一代计算平台

标题的句子引自脸谱（Facebook）网站创始人马克·扎克伯格的“虚拟现实：下一代计算平台”，但是笔者对其进行了一点修改，将其原话中的“虚拟现实（Virtual Reality）”的中文直译，改成了“虚拟体验（Virtual Reality Experience）”，为的是将各种虚拟体验的形式区分开，如通俗定义上说的VR（Virtual Reality）、AR（Argument Reality）、MR或MAR（Mixed Reality）。这三者都是以不同的形式来对我们的感知进行改造，给我们带来现实与虚拟的融合体验。之所以说它是“未来的计算平台”，并不是单纯地从计算能力这个特长上来说的，而是从用户的场景上来看，未来越来越多、越来越重要的使用者体验的计算工作，是发生在虚拟体验环境中的。计算能力、信息流、应用和交互方式，所有这些都会有一个新的集中汇集的形式，即虚拟体验。

虽然看似是一句臆断，不可当作对整个虚拟体验产业未来的一个定义，但是也可以看出成功创业者和用户体验服务提供者，对这样一个整合性体验平台的信心和期待。后面，我们会详细地对虚拟体验的原理、技术、产业、应用及未来做不同角度的常识性的探讨，有乐观的远景，也会有暂不丰满的现实。在这样一个有可能成为新的体验革命的产品刚刚萌发的时间点，不妨让我们用更加发展的眼光，抛开那些还需不断技术攻坚的艰辛的研发过程，去畅想一下，倘若期待中的体验和技术真得让人真伪莫辨，我们试着把我们所熟知的工作、生活中的事情都移植到虚拟和现实混合的世界中。这是一件多么不可思议的事情。也许现在那些通过后期制作来表现未来科技生活的视频也不能全部囊括的，而且以我们现在的经验和想象力也是无法预测的，基于虚拟技术的应用和体验，更是让人期待不已。

未来的应用真的无法预料，而我们现在以当今的用户体验，来猜测未来通过虚拟现实的各类技术可以展示出的应用场景及体验的行为，简直就是在平面世界预测立体空间、在三维世界想象四维空间。但这并不可悲，也不会意味着我们当今做的事情毫无意义，反而从侧面反映出我们现在做的事情对未来的启发有着不可限量的价值。我们现在正好处在一个新的维度生发出来的历史性阶段，我们有机会经历和见证创造虚拟世界的过程，并参与其中，去创造我们在现实世界中不曾有的事物和体验。我们注定不是虚拟世界的原住民，而是拓荒的一代，承担了开发建造初期蛮荒的艰辛，也得以分享整个盛宴所分封的疆域。至于创造全新的现在不可猜想的世界的任务，就留给下一代人——虚拟世界的原住民，他们生来即可感知的环境，才能真正孕育出基于这个平台的未来。就如同现在 30 岁的人群，他们从小是玩着任天堂的游戏机、伴着计算机长大的；20 岁的人群，从小就有互联网；10 岁的人群，基本上从懂事起，就有触摸操作的智能手机。真的不敢想象，基于完备信息化长大的一代，能创造出多么出人意料、令人不可思议的产品。这也是构建于信息产业基础上的产业最令人期待的价值。

这里不去纠正“计算平台”的概念是否正确与专业，我们姑且将其解释为“为使用者提供体验的终端设备”。那么我们来简单地梳理一下，自从有了计算机之后，我们的“计算平台”到底有哪些，它们分别经历了怎样的过程。

1.4.1 大型计算机、超级计算机、小型计算机（1944 年至今）

大型计算机、超级计算机、小型计算机，都是重要的计算力平台，无论在科研、军事、政府、银行、电信等大型计算及高可靠性场合下，都有它们必不可少的存在，且持续不衰，可以说是计算平台中的实力派。但是近年来分布式存储及计算和区块链技术的出现，有对其进行挑战的趋势，但在很多核心指标上，这些“老家伙”们依然保持着不可替代的价值。不过对于使用者而言，这些设备并不易获得，也不易使用，需要专精的计算机知识、使用技巧及编程调试能力，同时需要的财力支撑也不可缺失。这些机器从出现到现在也一直是大机构才能维护使用的秘密武器，在很多国家战略、军事及经济领域有着巨大的作用。

1.4.2 个人计算机（1980 年至今）

在个人计算机混沌初开的年代，由于惠普、IBM 等大公司的犹豫不决，为乔布斯留出了市场机遇，让其建立了至今依然在个人计算机设备上独占鳌头的苹果公司。最早的苹果计算机公司，以及搭载着微软操作系统的 IBM PC 兼容机，一同开发了历史上出货量数十亿的个人计算机市场。这次革命将计算力从科研、军事机构的高墙大院里下放到寻常百姓家，让每个人都配备了自己的计算平台，“为个人而计算”即是这个平台的特点。这个趋势一直发展到移动设备全面兴起的 21 世纪的第一个十年才出现颓势，不断地走入下坡路。而这个将计算机普及到个人的变革给整个人类社会带来了无法想象的改变，生成了无数的应用，也让个人用户拥有了第一次驾驭计算机的能力，为未来基于个人应用的计算平台打下了不可替代的基础。PC 早已大势不在，而目前的个人移动设备发展成了巨大的生态平台。

1.4.3 互联网及云计算（1990 年至今）

互联网，严格意义上并不是单纯分类上的用户终端及平台。本质上讲，互联网是提供信息流通介质的一个平台，但是基于这种流通特质，我们将软件变成了服务，只有优质的服务和信息才能快速流转。用户使用的主要应用和场景，均从本地应用变成了互联网应用。准确地说，基于互联网的各类信息及服务，才能说是用户计算平台。云计算其实并不是从“云”的概念被提出后才开展的形式，而是一直存在于基于网络的计算力和存储服务的分发中。无论最热门的使用终端如何变化，互联网及云计算都会给予最大的支持，使其变得更加得不可替代。从 PC 到网页，到移动设备，到智能硬件，再到各类的虚拟体验设备，以及未来各种终端和计算机平台，都离不开互联网。而经历这些发展之后，我们越来越难看出互联网的“模样”，互联网本身的网页形式已经变得平淡无奇，而未来用的更多的一样会是互联网的特性和信息传输能力。

1.4.4 移动智能设备（2008 年至今）

没有人会忘记乔布斯发布初代苹果手机时那场令人难忘的发布会，这几乎标志着基于移动智能设备的计算平台正式登上历史舞台。即便苹果公司并不是第一家生产出移动计算设备的厂家，如 IBM、Sony、多普达，甚至是苹果，也曾经推出过移动计算设备。但是苹果手机的出现真正形成了计算的“平台”。现有的所有生态平台系统的研究与案例都是基于苹果的 App Store 运作体系生发出来的。而不得不提的是，移动计算能力 Arm 平台、触摸屏技术，是支持个人移动设备重要的技术基础，这个平台把人与计算机的关系变成了“手机即代表个人”，真正的将计算能力和人整合在一起，并通过千变万化的应用真正地提升了人们的生活质量，改变了人们的生活方式。（其实第一个真正普及的个人计算设备是 MP3 一类的个人音乐播放器，苹果也是基于研发和推广 iPod 的经验而创造出 iPhone 并成功将其打造成有史以来最成功的个人计算和应用设备的。而 MP3 并不具备平台能力，或者说具备计算平台特性的产品即是 iPhone。）

智能移动设备的普及可以说是统治性的，无论是市场渗透的程度，还是用户体验的黏度，都不禁让人发出被手机控制的感叹。这种感叹也证明了这个设备正全面地代理着人们的各种信息的需求，而其本身丰富的应用也逐渐地通过各类计算平台上的应用，结合无处不在的网络，几乎服务到了每个细节中。好像生活和社会除了上下班以外，并不被地域限制，而是被信息重新汇总重构了。我们沟通交流的全部通道几乎是通过我们随身的计算平台来实现的，智能设备和互联网合为一体，紧紧围绕着每个人，即是移动互联网。

1.4.5 智慧设备（2014 年至今）

智慧设备风风火火，几乎要将智能的应用带到我们可以见到的每个地方，无论是高楼大厦、汽车，还是农田中，任何东西都可以被赋予计算的能力，进行感知和控制。最初的产品围绕着我们的移动智能设备，把一个个本来并不能互动和感知的电器和电子配件变得可以进行感知、通信和计算。“智慧”一词变得如点石成金般，被其结合的产品都会纷纷变成最时尚的消费品，快速进入到消费者的生活场景中。虽然学术界一直有全方位计算（Ubiquitous Computing）的概念，但是这种计算还并未完成整合成一个计算平台的程度，同时每个智慧产品的使用时间太短、黏度太小，注定不能成为核心的计算平台。但是这并不影响它们的发展，反而将智慧化世界的建设变成了长期的规划。最终也能和 AR 及 MR 在未来的某处结合。未来，智慧设备也会具有像互联网一样的必备属性。当互联网和智慧设备普及到每个角落的时候，就真如科幻电影中描述的那样——手指所触及之处，都是信息的终端。

1.4.6 虚拟体验计算平台（2016 年至未来）

发展至此，我们来总结一下过往各个平台的状况。大型计算机保持它不可替代的应用，已经远离了消费者；剩下的两个平台——互联网及智慧设备，转化成了基础的必备属性。而使用者关注力独占的平台在更替，从个人计算机到个人智能移动设备，从人机关系变化为随身关系。我们可以看到即将出现的虚拟体验计算平台，可以接替智能移动设备成为下一个关注力独占的平台，能实现的不仅是随身携带，而是将人带入到一个真实与虚幻直接在感官上交织的世界。这种独占性前所未有，也蕴藏了巨大的价值和惊喜。

虽然对虚拟体验的发展预测，绝大多数还存在于设想中，但是我们仍然可以看到一小部分已经开始启动的团队推出的设备和内容，虽然还显稚嫩，但已经让我们耳目一新、大为振奋。产业真实的发展速度和发展程度，并不一定是必然，但是在这开端生发的时间点上，请让我们跟随着这拉开的大幕，来期待即将开始的斑斓大戏。

1.5 巨大变革：重构用户信息界面与体验

如果我们所说的VE虚拟实境体验只是单纯有趣的数字消费产品，肯定也不会引发如此广泛的关注和探讨，那是因为大家都嗅到了变革的味道。这个变革动因不仅来源于VE虚拟实境体验本身的特性，也来自于消费市场不断酝酿的体验升级变革的暗流。越来越通畅、便捷的信息沟通渠道和方式，以及消费者对体验产品越来越高的需求。而跟随市场变化最为快速的部分就是用户所接触的界面（UI）及用户体验（UE），变革性的用户界面和体验的改变，必然酝酿巨大的变革。

首先我们来看看用户界面及体验产生了何种变化。

1.5.1 用户界面的变革

这里的用户界面不单单是具象的软件界面上的按钮和条目，而是在信息系统中更为抽象的定义：界面（interface）指两套或多套相同或不同的信息系统，用来进行沟通的介质。人脑本身也是一套基于生物体的信息系统。举例来说，两个相同的信息系统，比如两个人，他们的信息沟通的界面包括语言、动作、表情、文字等；也比如两个计算机系统，它们通过网络通信介质及协议这个界面来进行沟通。

我们知道两个独立的系统，必然不能直接通过核心相连，就像两个人即便再亲密，即便是连体儿，两者也无法直接通过神经的接触进行沟通。若要进行沟通必然需要通过一种媒介，可以是声音，可以是可见光信号，也可以是二进制信息。在这种媒介上，还要进行必要的编码和解码。就如同我们的语言规则，就是我们用不同音调发声的一种编码规则，这个编码规则双方都需认可，接收方按照约定的规则进行解码，从声音中的字词句中获得要传播的意思。我们发现不同的编码方式会得到不同的语言；也可以以两个计算机系统为例，它们可以通过无线电波 Wi-Fi 或蓝牙等媒介相连，用不同的编码解码方式，来进行连通，使需要传递的数据在两个系统间传送。

同类型的信息系统连接，会更容易进行沟通，因为编码规则相近，就像人类天生具有的感同身受的理解力一样；而不同系统间的沟通就难得多。那么当人要和计算机信息系统进行沟通、相互传递信息的时候，我们就需要一个用户界面（User Interface）来完成信息的传递，通过人可以理解的方式进行编码解码，同时又用机器的方式为机器编码解码。为了更好地完成这个工作，就出现了用户界面工程师这个职位，通过系统性的考察与研发，可以让人更容易、更合理地获取计算机信息系统中的信息。

我们现有的用户界面（UI）的形式很多，如“命令行”及“图形用户界面”。命令行更多地被应用在计算机研发调试的过程中，一般的用户很少涉及。而图形用户界面，又变化出很多种类，在消费市场领域，可以按照搭载的平台将其划分为：计算机上运行的桌面图形界面（常见的为微软的 Windows 操作系统和苹果公司的 Mac OS 操作系统）、移动设备上运行的移动图形界面（常见的为 Google 的 Android 操作系统和苹果公司的 iOS 操作系统）。我们可以看到，现有的图形用户界面，基本上都是适配于显示设备，即屏幕显示器。从显像管屏幕开始，四边形的平面屏幕就成为个人计算设备中负责显示输出的设备。无论所使用的技术、屏幕尺寸，或者是增加了触摸的互动方式等变化，屏幕依然被限制在四边形的平面上。

这时我们已经可以看到在用户界面（UI）形式上，显示输出的方式被 VE 虚拟实境体验完全改变。暂且不论多种多样的配合 VE 实境体验的输入设备，我们可以看到现有的所有平面图形用户界面都不再适用了。变革到底有多大，我们返回来看最早在苹果 LISA 电脑和 Windows 1 代上显示的图形用户界面，其实已经具备了我们在 2016 年使用的 Mac 和 PC 操作系统的很多特性，只是相对原始和不完善。

现在将要在 VE 设备上运行的用户界面，会改变所有在平面用户界面上展示信息的方式，这些用户界面会在 VE 界面的 3D 空间中被实现得更加丰富多样、富于变化、引人入胜。这也意味着会在我们已经习惯了 30 年的图形用户界面之外创造出新的用户界面，而这个用户界面也许还并不存在，却足以让人兴奋不已。

简单来说，VE 虚拟实境体验的用户界面的基础，是通过对空间及空间中物体的高仿真度的虚拟（双目视差提供的距离感和体积感，姿态变化传感器提供的空间方向感），透过视觉及其他感官，全景呈现虚拟内容，或者将虚拟内容与现实交叠地呈现在一起。不仅可以展示文字、图案及形体，还会形成空间感及方位感，形成一种“现实感”。VE 用户界面的形式，可以让使用者通过最为本能的双目直视的方式去获取虚拟信息，而方位感也可以提供身临其境的感觉。

如果用户界面从平面图形变成了多维界面，那我们就无法再通过纸质书籍上的平面图片完整地呈现 VE 用户界面的内容，这对于出版业也必将是一个巨大的震撼。也许未来关于 VE 用户界面的教程已经没有纸质的书籍，而是需要完全在 VE 的用户界面上进行展现，哪怕只是对一种 VE 内容呈现方式的介绍，也无法脱离这个平台。

从本质上讲，这种变革意味着，现在通过图形用户界面实现的用户界面及使用场景，可以全部在 VE 用户界面中重新展现，其中一定会有一些内容和应用会因为 VE 本身形式的特点，再次爆发出新的价值。另外一方面，还会有基于 VE 本身特性发展出的独特的内容和应用场景，其平台独特性也会赋予其很高的价值。这场变化中，会经历快速地迭代和优胜劣汰，而随着投资及商业运作的兴起，迭代和优胜劣汰的速度和频率会大大加快，也会爆发出真正基于 VE 用户界面的独特价值。这个过程必然会对现有的信息产业的应用，进行全面的重组。

说完用户界面上的变革，我们再来看看用户体验的变革。

1.5.2 用户体验上的变革

用户体验，具体是指用户在通过用户界面获取信息时所产生的感觉，可以用多种专业维度进行衡量。这些维度包括信息的可达性、用户界面的易用性、用户界面的互动直观程度、界面相应的流畅程度、标识及引导的合理性和互动的有效性等。在这些繁多而复杂的专业维度中，我们看到在很多维度上，VE 用户体验之于图形用户界面所产生的变革和提升，这些变革和提升通过开发机构被合理地利用和发挥作用，也在用户市场获得相应的认可，信息产业的应用也必将随着使用体验的变化、发生场景的改变，发生全面的重组。

我们首先来回顾一下，用户体验在各个时期的价值要点。“用户体验”这个概念大致是随着苹果手机的出现被更多人关注的。而在这以前，用户体验并不是不存在，只是没有在消费类产品里占有如此重要的地位。从更加容易拿稳的热水瓶，到更加易用的折叠自行车，再到全自动洗衣机，我们的用户体验在很多层面都被提升了。而上面例子中变化最大的，其实是人与对象的关系，从最早的人与物体（物体的大小、颜色、形状、材质、艺术风格、文化价值及人机工学）的体验关系，到人与一个机械机构之间的关系，最后再到人与一个任务或功能的关系。这也是随着科技发展，在最近两三百年才不断演进出来的。

当前，更多的则是人与信息的关系。信息本身对比前面几种对象而言，更容易被复制、被更改、被传播，也更容易变化。因此我们看到了信息传播和信息内容的大爆发，信息流动的速度也远超以往，而传输的代价几乎可以忽略不计。这个时候我们可以把信息看作是无限量供应的，而人所能获取的信息却是有限的。那么作为消费这些信息的主体——人本身，获得信息所带来的感受、体验和意义就会有很大区别。

对于完成的用户信息获取目的，用户体验设计工程师很多时候会参考马斯洛人格模型，来定义用户体验满足其自我实现的愿望的程度。下面我们就从信息的获取、信息的互动、情感体验及记忆体验四层难度来进行讨论。

第一层，信息的获取

在信息化的世界里，最基础的交流就是信息的获取。人通过自身的视觉、听觉、触觉去感知获取信息，获取信息的过程和难易程度在很大程度上决定了用户体验最基础的水平。以现有的互联网和移动互联网的产品为例，主要会用文字、图片和声音来进行信息的获取。文字和图片主要显示在各类设备平面的屏幕上，所以屏幕中显示出的信息的可读性、易用性、美观度以及传达的情绪，都会影响用户在使用这个产品时获取信息的难易程度和体验。现在的用户体验设计及视觉设计，用不断演化的视觉化的设计方法、更好的排版方法、更美观的字体、更轻盈的动态效果来进行信息展示，更有利于用户对信息的获取。

在 VE 产品上，信息的获取更加直观化，信息的类型更加多元化。VE 产品首先打破的就是平面信息的展示和屏幕尺寸的限制。平面信息的展示，现在已经发展得非常多元化和成熟，而立体信息的展示才刚刚开始，通过对于平面用户界面设计的经验，还可以有很多必要的基础，而必然的、全新的基于空间立体展示效果的信息呈现与排列方式，将会有全面的发展。文字也会首次脱离纸张和平面，真正的在空间中进行流动。声音也不再是简单的音效，空间定位的感知与360° 的可视范围，让声音承担了非常重要的视角引导任务。因为用户的有效可视范围不超过 120° ，所以没有办法同时观察 360° 范围内的每个方向，这时立体声的提示音就可以帮助用户迅速定位新事件发生的位置，辅助用户在虚拟世界中进行查看。

我们不再通过一些抽象的菜单、列表和文字符号来传达信息，而是可以通过在虚拟环境中构建真实世界的方式来让使用者以更加真实的本能的直观的方式去获取信息，而同时还可以将抽象的信息全面附着在直观的虚拟对象上。这是所有信息行业的设计师、工程师和用户没有体验过的，也很难想象的。也许经过一段时间的发展，在 VE 系统内的信息获取和直观感知，会强于我们在现实世界的感知能力，而从信息行业能力发展的速度及更新进化的速度来看，这一定是必然的。到时候也许又会出现不愿离开虚拟世界的人，不过我们现在并不需要担心，还是更关注我们如何创造出让人流连的虚拟世界，让人可以用更直观、全景的方式获取信息。这种基于信息展示的变革给用户体验带来了巨大的变化，就好比从操作系统或命令行这种一维显示的方式，变化到二维的可视化图形界面带来的巨大变化一样。在 VE 系统中，信息再也不用被限制在一个个“窗口”中。因此带来的变化可能性非常的多，以至于我们在讨论这个变化的时候，都没法给出一个标准的答案，因为 VE 中的各种各样的信息呈现方式还远远没有被完全探索。

可以想象的是，基于这种从二维到三维的变化，我们可以完成很多我们受限于二维界面显示不了的呈现方式，如多维度的数据展示、更复杂的信息结构以及更加富于变化的内容呈现。我们会看到很多我们以前看不到的东西，看到很多以前没有的显示效果。就像我们可以从二维的图片上体会三维立体的空间，那么在可控的三维空间中，理应可以体会四维空间。在以前，我们要想获得三维空间的体验，就只能把需要塑造的东西真实地搭建和制造出来。而在VE体验中，所有东西都是受控的，可以凭空地出现、消失或变化，再也不受真实空间的行为逻辑。跳出真实世界的规则及逻辑后，我们才能真正做出不可思议的信息呈现。

从历史上看，信息呈现方式的每次变化，都会带来用户使用习惯的巨变、市场的重新划分和巨大的商业变化。在几十年前，人们还趴在收音机前听着足球转播想象着现场的场景，而在虚拟场景中，我们就可以置身足球场中去体会一场足球比赛。这变革中蕴含的商业价值也是巨大的。

第二层，信息的互动

信息通过各种方式全方位地展示给我们，我们会和信息本身进行互动，而信息本身是抽象的，如何让用户准确、快速、便捷地和信息产生互动，这也是用户体验中非常重要的一部分。

图形界面中，鼠标的使用把之前命令行单调的命令变得更加直观。而触摸屏用更加直观的操作方式，在几年内快速地席卷了个人计算设备的市场，并让苹果公司在移动设备上获得了几乎超过所有其他厂家的设备上的巨额利润。在有空间感的VE 世界中，与信息进行互动的操作方式变得非常重要，需要直观、有效。现在方案有很多，有通过虚拟世界中的注视触发的，有通过游戏控制板进行操控的，还有通过肢体动作进行控制的。而更加直观的互动一定是更受欢迎且更容易推广的。好的互动方式可以让 VE 从“可看见的真实”变成“可触摸的真实”。互动的过程甚至可以包括“触摸”后的触感反馈。

在我们建立的触摸屏“所见即所得”的用户体验和 VE 体验整合的体感、肌肉、眼球跟踪等高新技术的方式上，空间里的互动将全面带来用户使用习惯的变革。这个变革也会带来巨大的商业机会。真正能做到直觉化、低负担、高准确度的互动方式，一定会像触摸屏带来的变革一样，带来巨大的市场变革和商业回报。

第三层，情感体验 与 第四层，记忆体验

情感体验是用户体验中难以量化评估，但最能让人快速接受的方式。情感化的体验，并不局限于任何体验产品的介质，如屏幕或印刷品。对于VE提供的变革来说，并不像前两者因为用户界面的改变带来的用户体验的巨大变化，而提供的是更加真实、细腻的体验感受。更加全面的体验更容易触发人多种直观的感受，更容易全面地传达情感的体验。

富于情感和价值的场景，即留存成为一种记忆体验。记忆体验有时并不按照时间顺序去呈现，而是重要回忆点的涌现。记忆体验更多的是感性的结果，以至于很多时候，人在评估一件事情时，并不是按照理性逻辑的判断给出结论，更多的是通过记忆中体验的回忆来给出结论。

VE虚拟体验在这两者上并不是颠覆式的变革，但是基于感知方式的巨大变化，情感与记忆的传达和留存有了更加深刻的效果，而通过虚拟体验的方式来进行感情的传递也会变得更加容易接受。在未来当我们在回忆一个内容的出处或者一幅画面时，不会记得它在哪个文件或哪本书里，只是记得是在什么样的场合、什么样的光线、沉浸在一种什么样的氛围中。这种更加全息化的情感和记忆，是前所未有的体验，也是人具备的最为本质的本能感受能力。

无论是传递人与人的情感，还是内容传播，基于更直观的感知平台，用更本能的方式去体会和感受，也一定会得到更好的情感共鸣与印象。这点在通信、品牌传播、影视作品的表达上，会带来巨大的变化。

我们看过了在用户界面及用户体验上 VE 虚拟体验带来的变革之后，我们来设想一下，到底如何重组我们现在的信息产业。准确地说，是个人信息平台。

我们着重在细节上说明了变革，而这些细节凑在一起，我们看到的是什么呢?现在也许还并不能完全看透，但是一定包括以下几点：个人信息设备的再一次变革；信息界面、人机交互方式的再一次变革；使用习惯带来的变革；虚拟平台具备之前平台不具有的特点所带来的大量的新的应用场景；从信息消费到信息体验的变革；当我们再造一个真正的“虚拟世界”，对于真实世界的冲击与变革。

最终这些变革汇总在一起，形成了一次产业的重构。从核心科技研发，到芯片研发制造，到硬件产品的研发，到内容与应用的创造，再到商业的运营整合，会有一场完全不同的科技商业大戏等着我们。用户看到的信息世界不同了，整个商业技术市场也将变得不同。

1.6 大幕开启的重要时间点

第一步，虚拟体验的显示设备代替了手机屏幕（并不一定代替手机，有些 VR 设备还很好地利用了手机的通讯、运算和屏幕），成为各种信息汇总呈现的终端，又通过近场通信的方式整合了不同种类的输入设备。这种设备的组织方式将会带来一大波硬件研发制造的机会。在这个阶段，会出现一个真正制造容易、价格易接受，同时还能更好地兼容现有各类电子产品及应用的产品。

第二步，现在基于所有屏幕的应用场景，都会出现在虚拟空间中，很多应用会因为虚拟空间而产生巨大的价值，有些应用也会被替代。现存的应用提供商有些会更好地生存在虚拟世界中，有些将要被替代。最先抢滩的应用会获得更容易拓展市场的机会。这时候会出现一个大家非常熟悉且又重复使用的应用，通过虚拟体验的方式，获得了全新的革命式的体验提升，它必将成为推动应用转化的重要例证。

第三步，会出现一个基于虚拟体验的非常惊人的伟大创意，且只能在虚拟设备上才能进行体验，也许还会进行内容和品牌的跨界。这个创意会伟大到让人急迫地去尝试，甚至为了它而购买虚拟体验设备。历史上也不乏各种明星应用反推平台普及的案例。

第四步，会出现虚拟的社交群落，通过只有在虚拟世界中体验的方式，迅速扩充用户族群。与人互动是真正的持续性的刚性需求，建立社群与人际关系可以稳定用户的使用，而全面的社交化即将变成必然。

第五步，虚拟技术实现对某种具体工作或商业的不可或缺的提升，从一个人的信息平台升级成为一个商业生产的工具。预计很快就会有人通过虚拟体验进行工作。也就是说在“虚拟世界里上班”。

第六步，现实世界虚拟化。我们可能很快就会看到现实世界完全的虚拟化，我们在真实世界行走的时候，也可以通过虚拟技术观察对应的虚拟世界的内容。也许我们再也不用在路边摆摊、不用在路边张贴信息、不用在实体世界里记录信息，所有的信息化的内容全部都附着到虚拟世界对应的位置。我们通过混合实境技术，完全可以在现实世界行走的同时，浏览所谓虚拟世界对应的信息。现实世界将成为虚拟世界的入口，而改变世界的事情将继续发生在虚拟世界中。

第二章

虚拟感知虚拟世界

02

大家会问，VR 到底是什么呢？它是一种感知方式，并不是一种附着在现有产品和业态上增加噱头的小部件，而是对体验的一种颠覆和重构。所有的东西都会因为 VR 而被重新书写，实现一些不可能的，改造一些现有的，超越一些陈旧的。这就是认知革新带来的机遇和价值。

虚拟体验技术本身不是一项单一的技术，而是众多电子信息技术及传感器技术的整合应用。不同于以往的电子信息技术产品，虚拟体验产品会更直接地与使用者进行感知和互动。在触摸屏产生后，虚拟体验产品从界面设计到使用方式上，更多地遵从了人的本能行为方式，但是这些反馈也仅仅局限在屏幕上，并没有针对信息接收者进行改变。虚拟显示技术通过更加精准的空间动作感知能力和更加强大的数据处理运算平台，来实现对使用者动作的追踪，并通过新的光学透镜设备，将虚拟内容与场景无缝地展示在使用者面前。使用者无论如何运动，都会“感觉”自己在一个新的虚拟空间之中。这个虚拟空间的形成和存在就是所有虚拟体验的基础。本章希望以最简单的方式对人的生理、自我认知与如何形成虚拟体验进行介绍，来帮助大家更加本质地了解虚拟体验的成因，也能更好地理解后续介绍的各种内容。

本章通过介绍以下几部分来进行详细阐述。（1）人的本能认知及与世界的关系。

主要介绍我们感知世界、形成自我存在的感知及与世界互动的过程。（2）当我们将人脑与计算的虚拟数字空间连接后，是如何通过各种感知的输入，来形成新的世界感知的。(3) 我们在连入虚拟空间之后，如何在虚拟空间搭建真正的虚拟世界。(4) 介绍我们开始真正体验虚拟世界所需要做的准备。

2.1 感知现实

我们每个人，都生存在自己的感知意识之中。关于主观与客观的讨论很容易升级为一种哲学的讨论。不过我们今天并不是来进行哲学探讨的，是来搞清楚我们感知现实的流程的。只有我们认清楚了这个流程，才能找到进行直接虚拟模拟的方法和机会，也才能展示出更好的虚拟效果。

我们每个人对于世界的认识都是基于自身感知器官的感知力。准确地说，当我们去思考和理解客观现实的时候，我们已经在主观意识中进行了思考。我们姑且不去讨论到底什么是客观，但是一定要承认我们的感知能力通过对我们主观思维的输入，帮我们的主观意识认识了客观世界。如果我们的输入被进行了欺骗，那么我们主观认知的世界，就不是现在大家公认的客观世界了。这种情况一般出现在一些魔术演出造成的视错觉中，而现在我们通过一系列现实反馈技术，可以让人体会全面的感知错觉。通过连贯的虚拟世界的“伪感知输入”，我们可以通过自身现有的本能感知器官来形成一个全新的虚拟世界。这个虚拟世界可以像 VR 那样形成一个独立的、与现实世界隔绝的虚拟体验；也可能像 AR 那样形成一个虚实混合的世界。所有这些效果都是基于对我们现有感知世界能力的针对性改造。

笔者并不希望通过完全学术的方式对感知世界的过程进行阐述，而是希望通过一种人人都能亲自体会的方式进行举例，好让读者更好地了解自己的感知能力。在下面内容中，我们会给出一些小办法，来让读者有机会去感受一下自己一直存在但可能长期被忽略的感知能力。

感知能力分成 3 个过程，第一步是接收外部世界的信息；第二步是在人的神经系统支持的主观意识中进行整合与理解；第三步是与真实世界进行直接互动，来校准自己的意识认知，并最终达到改造世界的目的。

2.1.1 真实的现实——人的感知力

我们设计和制造认知类的消费产品，一定离不开对人类基础的感知现实能力的理解。下面我们先来对人的感知力进行逐个介绍。

视觉

视觉是人类获取信息最主要的方式，至少有 70% 的信息是通过视觉来获取的。70% 这个数值还只是人类在现实生活中的视觉应用，如果加入现在电子信息产品及应用所占有的时间与精力，恐怕这个数值会更大。

人的视觉能力基于人的视觉神经系统。这个系统包括光学组件——眼球、感光组件——视网膜神经、传输介质——视神经及视觉信号分析——大脑视觉处理区域。

眼球的作用是将光通过光学组织（角膜、虹膜、晶状体、玻璃体）来将外部射入的光纤准确地聚焦于视觉神经的感受区域——视网膜黄斑。眼球可以通过韧带与肌群的运动，改变光学特性，来调整焦距，保证我们可以清晰地对远处和近处的物体进行成像。眼球本身并不能帮助我们形成虚拟体验，我们形成虚拟体验的一个重要方式就是通过双眼输入图像的差异，在大脑视觉处理区域形成立体的感知。如果我们眼睛的光学调整能力出现问题，那么会在一定程度上影响我们对虚拟世界的体验。各种各样的屈光不正也会影响虚拟体验产品的使用效果。

感光组件视网膜可以看作是将光线转化成神经电信号的元件。真正的感知神经只有非常小的一个区域，我们称为黄斑。眼球中的光学组织的目的就是将光线聚焦于黄斑的一点，只有这样才可以呈现清晰的影像。视觉神经作为神经信号的组织，除了发生病态反应，一般不会影响我们的视觉感知。现有的 VR 及 AR 设备，也是针对视网膜进行成像，视觉神经只是起到传输的作用。而在未来，也许我们可以像植入人工耳蜗一样对视觉神经进行直接的信号输入，一方面免除了佩戴虚拟体验目镜设备的麻烦；另一方面对于视力残障人士也是一种彻底的康复。

大脑的视觉区域是非常重要的视觉器官。大脑负责将双眼输入的信号进行整合，形成统一的有空间感的视觉感受，并进行一系列的视觉处理。这些处理中与虚拟体验最为相关的就是基于双眼视差的立体感觉。立体感觉的建立对于我们形成虚拟空间的感知尤为重要。有些患者因为外伤或者疾病，失去了空间感知能力，那么他们对于虚拟体验的感受能力就会下降很多。

如何良好地对双眼进行视觉信息号的输入，是虚拟设备需要解决的重要问题。还需要解决视野、视距（双眼视差体现的空间距离）、视觉屈光度的调节及立体成像感知能力等问题。在解决了这些视觉问题后，虚拟体验就可以覆盖并服务更多的市场群体。

听觉

听觉系统由内耳的一系列感知器官来负责。鼓膜负责接受耳道内的空气震动，并经过一系列组织将这个震动传递到内耳的耳蜗组织；耳蜗将震动变成神经的电信号，通过听觉神经传入脑内；大脑中的听觉区域负责处理声音信息，并将人耳听见的声音信号进行处理，形成空间的声音感觉。人耳可听的声波范围从 20 赫兹到 20000 赫兹，因为人耳可听声波范围的限制，人类声音的感知和分辨能力无法与视觉相媲美。但是通过语音语调的变化，可以非常好地分辨出所承载的语言信息。人工耳蜗的改造可以让失去听力的人士重新获得听力，虽然现阶段的人工耳蜗并不完全复原听力，但是可以完成基础的语言复健训练。听觉系统的人工耳蜗技术对于我们改造神经系统，与电信号进行直接对接，做出了非常有价值的尝试。

我们大脑中的听觉区域，对双耳传输来的神经电信号进行处理，分辨两耳声音的差异，并比对过往声音的经验和记忆，建立一个基于声音感觉的空间认知。这个空间认知也是有距离感的，通过发生点的回声的分析，可以形成对于所在空间的整体空间距离感。人耳形成的这个声音空间感知和眼睛形成的视觉空间感知进行匹配，形成一个听视觉一体的整体认知。对于虚拟体验的完整性，两者的匹配是非常重要的。通过入耳式耳机或头戴式耳机，可以进行非常好的声响定位，对形成空间感有着非常大的帮助。而如果在空间中部署声音系统，需要保证用户在空间中使用的所有虚拟体验产品都是同一应用，并且通过网络同步连接，只有这样才可以分享相同的视觉空间环境。并且空间扬声器的配置，会与现有的环绕立体声的声音系统不同，它不是一个方向的声音，而是在周围 360° 均需部署音量相同的扬声器，在一个局部空间形成一个各方向统一的声音空间，以配合虚拟体验无拘束的多向视觉体验。

内耳前庭——重力与惯性

“内耳前庭”可能对于很多人来说是陌生的，但是对于虚拟体验来说，它是一个非常重要的感知来源。内耳前庭位于我们的内耳，在负责感知声音的耳蜗旁边。内耳前庭主要负责感知头部受到的重力和惯性的方向。中学物理关于惯性和重力的知识足以使我们来理解身体的这种感受，下面我们来通过例子进行理解。比如我们把头歪向一方，整个视觉内容也会变得歪斜，但是我们可以确信地感觉到椅子依然放在地上而地面也没有歪斜，这是因为虽然我们的视觉看到了歪斜的世界，但是我们的内耳前庭知道自己的头部产生了同样角度的歪斜，所以判断我们的地面并没有动，动的只是我们自己的头部。内耳前庭对重力方向的感知是非常敏感的，我们身体的触觉感知可以感觉到因为坐在椅子上椅子提供的支撑力，但是对于方向的判断，需要靠内耳前庭的角度感知来进行判断。另一个例子是我们坐在飞机上，在爬升的过程中，虽然我们坐在座椅上所受到的力和停在原地并无区别，而且因为我们看不到飞机外部的情况，也没有办法在视觉上进行判断，但是我们的内耳前庭就可以准确地知道飞机飞行的角度。如果飞机在空中进行盘旋，每一次变换角度时，坐在飞机上的乘客，除了从小小的舷窗外看到的外部景色发生了变化以外，一定可以感受到一种空间角度的变化。这种在视觉看不到的情况下，快速的空间角度的变化会令一部分人感到些许不适。对于空间角度变化的感知能力就来自内耳前庭。

内耳前庭对于空间方向的感知对于虚拟体验来说，有一个重要的意义，就是通过头部空间角度的信息，来改变视觉现实内容及听觉内容。当我们在现实世界中转动自己的头部改变视线角度时，我们所看到的画面自然进行了改变；对于一些声音来源的方向，听觉系统也可以判断出其改变了。当我们佩戴虚拟设备时，为了让我们形成如真实世界一般的体验，需要在我们转换头部方向时，相应地改变视觉内容。头部旋转一定的角度后，如果所在的空间是静止的，那么我们看到的视觉景色一定会向反方向运动同样的角度。只有当获得了与我们内耳前庭感受到的同样的旋转角度后，我们的软件系统才指挥现实内容进行相应的调整。值得庆幸的是，我们在精密仪器领域拥有可以和内耳前庭相媲美的感受器。从重力感应器，到陀螺仪，再到地磁感知设备，都可以保证我们的设备可以获得精准的头部姿态变化信息，现在的智能手机所搭载的感受器，都可以作为入门级产品完成此任务。

触觉、力量、痛觉、冷热

触觉、力量、痛觉及冷热感知的神经感受器存在于我们的皮肤、肌肉及一些重要器官中。触觉感知器非常的灵敏，尤其是在我们的手部，我们可以通过手部的触摸对物体的外部质感进行详细感受，很多感受的详细程度甚至强于我们的视觉信息。我们对力量的感知对我们来说也至关重要，一方面是通过肢体受力来对外力进行感知，另一方面是通过发力来对外部的支持力或者阻力进行感知。这种对力量的感知不仅对我们保持平衡有着不可或缺的价值，同时也是我们对很多物体建立质量感觉的重要方法。痛觉感知是我们身体的预警系统，防止我们身体受到严重的伤害。痛觉神经并不能为我们带来任何愉悦的体验。但是如果我们没有了痛觉，会非常容易受到致命的伤害而不自知，会对我们的生存和发展产生致命的影响。冷热的感知对于我们的生存来说也起着非常重要的作用，如每天细微的天气变化都会通过我们皮肤的神经感知能力进行感知。很多对于场景的感受，也来自于我们的冷热感知能力，包括拂面的清风和烤人的火光。冷热的感知也是虚拟体验渲染场景的重要感知能力。

味觉、嗅觉

味觉指的是我们舌头上的味蕾对于酸甜苦辣咸等各种味道的感知能力。嗅觉指我们的鼻子对于气味的感知能力，人类的嗅觉相比于很多动物来说并不算强，但是也可以通过嗅觉产生一定的感觉。有研究表明嗅觉和味觉与记忆有着紧密的联系，很多时候特定的气味和味道能精准地唤起特定的记忆。我们对于气味的模拟可以营造更为真实的场景。如果有一天连味觉都可以模拟的话，那么对于很多人来说将会是非常震撼的体验。吃作为人的基础欲望之一，有着非常强烈的本能驱动。味觉是吃这个过程主要的感知力，大脑对于美味是有强烈的奖赏的，会激励自己去获取更多的食物。那么如果味觉也可以模拟，很难想象对于美食及食客会带来何种改变。同时对于那些贪嘴的超重者而言，也许会有新的减肥方法。

2.1.2 我们认为的现实——人的空间意识

前一节介绍过，我们通过各种感知器官对自然界进行感知，在我们的基于神经系统支持的主观意识中形成了一个空间的感觉。而虚拟体验就是对一部分或者全部的空间体验进行的一个虚拟和代替。既然目的是代替真实世界的感知，那我们就通过现有世界的感知能力来进行解析，为我们进行虚拟提供依据。因为并不会对空间意识产生太多具体的影响，所以下面的分析中不会包含人对于逻辑、道德及主观意志的意识分析。

自我

首先，我们会形成一个关于自我位置、姿态及存在体量的主观意识。之后我们会通过视觉、听觉的距离感及触觉、力量带来的直观触感进行校正，最终得到一个对于空间来说的合理的自我意识。以这个意识为中心，来构建空间感知。

位置感与空间感

通过视觉和听觉，以及自我感知对空间尺度的比例进行判断，我们可以得到一个空间的感知能力。这个感知能力包括对于空间整体环境及空间内所有物体的感知。每个物体的位置，来自于其与我们自身的距离和角度。这个角度也就是我们前面在内耳前庭部分讲到的头部姿态；而距离则可以通过双眼视差聚焦点的变化来产生距离的感知。这种对于空间的感知方法，我们在数学中可以用极坐标的方式进行描述。

触觉与质感

触感与质感主要来自于触觉、痛觉和力量的感知。我们可以通过触觉与质感对一个物体的内部属性产生认识。无论我们通过现有的电视机、计算机或手机的屏幕观看真实世界的录像和虚拟景象时，都无法产生强烈的真实感，其中一个重要的原因就是人们无法通过自己的肢体感受形成质感。这种质感虽然无法覆盖整个空间，但是人们对自己可以触及的物体产生的触感与质感，对整个空间的存在感有着非常大的帮助。

梦境体验

我们每个人都会做梦。虽然对梦的科学研究并没有完全完成，不过我们可以通过自己的体验来进行感知。梦境是我们睡眠时存在于部分依然保持活跃的神经元中的意识片段。这个意识片段很多时候会有扭曲的逻辑和世界，我们在其中的感知也并不完整，而且绝大多数的时候，我们也并不能控制梦境的发展。梦境里的内容，我们并没有通过任何实际的感受器进行真正的感知，却存在于我们的意识里，我们可以把它看作是我们的一部分不受控制的意识自导自演的一部电影。虽然梦境有着残缺的感知能力和扭曲的世界，但是重点在于我们在做梦的时候大多会有身临其境的感觉。这给了我们一个重要的启示，即身临其境的空间感知是可以独立存在于我们大脑中的，我们可以通过替换感知器官获得的信息来做到虚拟。当这种虚拟达到一定完整程度的时候，就可以获得一个以假乱真的空间体验感觉。如果我们在恢复意识的时候并不记得我们来自哪里，那所在的空间是否是真实世界也就无法考证了。这里引出了一个后续会进行深入讨论的问题，但我们现在只留下一个结论：要记得自己是进入了虚拟世界，否则可能会将虚拟世界当作真实世界——如同我们做梦一样。

2.1.3 与当前世界的互动

无论我们处在虚拟世界，还是真实世界，我们都会通过和当前这个世界的互动来对真实感进行校对。触摸、行走、呼喊等行动一定会对所在的世界产生改变，并通过人类的感知方式，如视觉、听觉、触觉等进行反馈。得到与之相符的反馈后，人的意识才会判定这个世界的可信程度，从而产生真实的自我存在感。

2.2 连通人脑与数字世界

从上节的叙述中，我们可以了解到我们的意识是如何对世界产生认知的。我们在这个章节里将要讨论如何将数字虚拟世界变得更加可以感知，既如同身临其境一般。

2.2.1 满足自己的大脑

既然梦境没有通过任何感知器官，就在脑中形成了以假乱真的真实体验，那么我们的目标就是通过高度拟真的虚拟感知体验来替换我们直观的现实体验，以在脑中形成一个独立于现实或是与现实空间混合的空间存在意识。整个虚拟体验的核心处理模块，就是我们的大脑。计算设备会为我们的大脑准备好各种感知的虚拟内容，并通过感知器官进行输入，而最终将各种感知拼合在一起，形成意识与空间感，就要完全依赖于我们大脑的感知及空间分析能力。那么我们所要做的就是为大脑准备好足够多的虚拟内容，并让虚拟内容相互统一关联，以此满足大脑对世界的判断。

2.2.2 选择感知力

虚拟体验设备需要与我们的各类感知器官进行对接。但是目前的技术处于起步阶段，我们还需要选择更加合适、有效的感知力进行深入地开发和模拟，才有机会获得高质量的虚拟体验。同时在虚拟体验中，也要遵循我们实境感知的经历。我们根据信息获取的重要度来排序，并通过评估每个感知力模拟的难度和完整度，得到如下的结论。

1. 视觉与听觉是获取信息的主要能力，需要作为最重要的不可替代的感知力进行模拟。

2. 体感和惯性的感知，可以产生很多空间变化的运动体验，但是需要复杂的空间设备进行支持。

3. 触觉、冷热、力量、嗅觉及味觉，作为更加丰富的感知体验，需要复杂的实现方式，且无法带来精确的体验。可以将其作为远期可以实现的感知力模拟。

2.2.3 独占感知与增强感知

虚拟体验现在可以分为两类：独占感知与增强感知。独占感知是指通过一系列虚拟感知的内容，全部覆盖现有的感知能力，形成一个完全独立于现实感知体验的感知。现在最先兴起的VR产品就是以视觉为主要感知力来建立的独占感知。增强感知是只通过虚拟技术，对我们现在的现实世界进行信息化的感知增强，虚拟的增强信息会直接附着在现实内容上。这主要指的是以AR为主的增强现实设备及产品。因为增强感知需要设备及程序，基于对现实世界的感知，进行虚拟内容的生成和叠加。对于现有技术来说，让计算机如人一般精准地感知现实世界并没有那么容易，但是相信在不久的未来，可以很好地实现现在只能在宣传推广视频中呈现的虚拟体验。

2.2.4 相对运动 = 不动

我们对于头部姿势的感知，通过传感器与内耳前庭的同步，就可以感知头部的姿势和动作。在同步之后，可以根据头部的运动来显示视觉内容相对运动的内容。这样就可以形成一个所观看的世界本身没有动的感觉。这种感觉的形成是人感觉的进入虚拟世界重要的一步。头部运动作为改变视野最为重要的动作，需要非常高精度的拟合，而只要头部空间角度与视觉完美配合，就可以显示出非常高拟真的虚拟世界体验。现在的VR产品，基于陀螺仪和头戴式眼镜产品已经可以实现这个功能。虽然显示效果还有待提升，但是我们看到现有的产品已经可以在虚拟体验世界中提供各种各样丰富的产品及内容了。

2.2.5 感知替代与动作输入

虚拟体验产品通过“劫持”人的感知力，来显示虚拟效果；通过动作、行为、语言的输入，来进行虚拟世界的控制。当对使用者的行为可以进行精准地采集后，我们就可以更加精细地控制虚拟世界，并且可以在虚拟世界获得更加详细的反馈。这些有助于形成更加完整和真实的虚拟体验。输入与输出在计算机的计算平台上变得越来越统一和直观，从最早的纸带打孔，到命令行与键盘的配合（将输入的字符显示在屏幕上），到图形界面与鼠标（将手部肢体动作与图形界面连在一起），到可触摸的自然设备（通过触摸将更加丰富的动作与图形界面连接在一起），最终到达虚拟体验，通过感知替代与全面的肢体动作捕捉感知，将人的动作真实地反映在虚拟空间界里面。随着虚拟空间技术的不断发展，可以做到真假难辨。到那时，我们就需要像电影《黑客帝国》里描述的那样，去担心我们所在世界的可信度了。

2.3 虚拟世界

经过上面章节的叙述，我们知道通过感知的代替和肢体动作的捕捉感知，可以让我们的感知意识进入一个真正由数字和计算机控制的虚拟世界。在这个世界里，我们拥有无限的支配能力和最高的控制权。

虚拟世界其实存在已久，自从有了以游戏及社交空间为主要形态的应用，就可以看作形成了一个虚拟的小空间。在这个空间里，人们按照空间的规则来进行信息的交互。信息代替了真实世界里的实物，但是依然具备现实世界里的各种特点，包括所有权。比如在 QQ 空间上的个人页面，或者到其他人的个人空间进行探索，都是在虚拟世界里的对象和行为；又比如在网络电脑游戏中，玩家可以操纵自己的虚拟人物，穿越山川大河，看落日斜阳，也会为了争夺一件虚拟物品而斗得头破血流。

虚拟世界可以是抽象的个人空间，也可以是如同真实世界的真实空间，但是在过往的体验中，这个虚拟世界需要通过一块屏幕显现出来，即便再沉迷游戏、精神全部集中，也只能通过眼前的屏幕去窥探虚拟世界里的图景。而在虚拟体验的应用中，会形成强烈的身临其境的感觉，这种感觉就是透过屏幕，走入那个以前只能通过屏幕窥探的世界。这个世界太过真实，甚至当我们体感回馈更加发达的时候，都可以感受到踩在地面的落叶上吱吱作响。这种真实环境会让我们真的感觉到自己处在一个可以感觉的“世界”里。在我们的概念中，世界一定是那个可以让我们走进和融入的空间，但虚拟体验给了我们全面的空间进入感。当我们将这个有空间的虚拟感觉认可为世界时，我们就提升了这个虚拟感觉的地位，将其作为一个与真实世界并存的“世界”、一个可以置身其中的“虚拟”的“世界”。

在虚拟世界里一定会具备几个特点，下面就来对其进行依次论述。

2.3.1 数字化的海市蜃楼

构建虚拟世界，不能简单地等同于本节前面提到的构建虚拟空间感。虚拟世界重要的是通过空间内容及空间拓展的方式，来体验一个世界观下的各种现象。这些现象会影响人的存在状态，只有拥有完整的世界观和逻辑的世界才会真正被人接受，从而留存和发展。在虚拟体验中，创造内容不再是建立一个个的页面或应用，而是去建立一个独立的虚拟世界。每个虚拟世界都有自己完善的规则和逻辑，呈现不同的内容。

在开始的时候，我们建立的虚拟世界一定是对我们现实世界的模仿，因为没有人能够凭空想象出经历发展逐步成熟的虚拟世界的模样。而在经历了最初的发展，可以对现实世界进行充分模仿之后，就开始基于虚拟世界独有的特点来建立更加超越想象的世界。这些新创造出来的世界，也许并不符合现有世界的逻辑和感知能力。

但是只要是人可以理解的空间与规则，那么就可以不断拓展。虚拟的世界具备无限拓展和随时多变的能力，可以通过一个超现实的表示方法来展示复杂的内容和信息。相信在三维的虚拟空间里，多维度的数据会展示得更加直观，从而帮助处理科研数据、分析股票指数，甚至连更为复杂的逻辑都可以进行可视、可感知的实现。

多变的世界空间的再造，使我们有机会体验不同的世界与经历。但是这也引发了一个问题，既如果每一个应用都是一个独立的世界的话，我们会发现我们需要适应不同的世界，产生大量的使用习惯的变更。同时各个世界的信息也不流通。而我们更希望通过一个统一的世界，来对各种各样的应用进行管理，这个世界拥有统一的规则、世界观和逻辑。每一个独立的应用就像是这个世界的一个房间，进入房间后，按照目的不同，即可分化成不同的应用。这个统一的世界就像我们现在使用的个人计算机操作系统 Windows 或 Mac OS，通过一个平台将各类应用的入口汇集在一起。不同的是虚拟世界里的统一世界，是通过网络连接在一起，并可以通过虚拟设备体验在其中“行走”与“穿行”的感觉。当我们能建立完整而丰富的虚拟世界的时候，我们能感知到的，绝对不止是海市蜃楼，而是蒙太奇一般的世界切换。

2.3.2 可互动的世界

虚拟的世界一定是可互动的，并通过互动进行改变的空间，不单单是一个冰冷的铁盒子。触感可以帮我们建立真实的信任感，如果需要形成一个能和真实世界相媲美的虚拟世界，那么我们一定需要一个我们可以改变其面貌和内容的世界。无论是通过动作还是其他的输入方式，我们会希望看到我们的动作是如何产生回馈的，同时我们的动作与输入一定要对环境有所改变。就好像我们在真实世界的森林中行走，可以随手摘下一片树叶，或是踩断一根树枝，我们会留下务必真实的感觉。而在最初的虚拟体验中，我们的行动如同在冰面上滑行，且无法对环境产生改变，那么就很难产生真实的存在感。

2.3.3 个体、群体与社群

构成一个世界的，不单单是环境，还需要各种层面的群落参与其中。在虚拟世界中，并不存在野生的生物，只存在通过人工设置或自然形成的可以自由行动的对象。那么作为参与者的人类就是这个世界中最主要的拥有主观意识的个体。在虚拟世界中，世界的面貌可以产生变化，但是人的群落与社会构成的方式并不会轻易被改变。社会学家通过研究发现，人类的社交方式及组织方式，不仅是约定俗成的规矩，还包括通过进化植入到基因中的很多特性中，比如可以同时记忆的面孔数量，就不会随技术的改变而改变。那么很多在现实生活中，或社交网络中的社会交流方式一定会被带入到虚拟世界中。

虚拟世界中的个体需要虚拟的形体样式，而其动作及行为又受其真实世界操控者的意识支配。具有了外形及样式的个体，在虚拟世界里就有了存在的形式。这就意味着在一个世界中，有多少个使用者就会出现多少个虚拟个体。在很多早期的虚拟体验的应用中，仅仅是在本地运行，或是即便联网但也只是对互动的信息进行传递，并没有对形象的暴露。但是随着应用的开发与技术的发展，必然形成像大型网络在线角色扮演游戏一样的统一的虚拟世界。我们可以亲自走进这个虚拟世界中，将人们对图形的感知升级为全面的空间感知。在虚拟世界形成统一世界，并管理其他应用的形式，也许会在游戏世界中产生。

当建立了拟真的统一的虚拟世界后，我们在现实世界中的社会规则和行为规范就可以快速地被运用到虚拟的世界中。例如，大型网络游戏早已在虚拟世界中建立了各种玩家组织和群体，这些团体在一起相互竞争并促进，形成了一个社群。社群包括各种类型的群体。从这个角度来考虑，我们现有的社会现象和规律都可以很容易地在统一的虚拟世中实行。因为这个虚拟世界太过真实，同时又有太多变化的可能，就容易出现很多意想不到的窘境，所以也需要有相应的规则来预防和限制这种变化带来的混乱。

2.3.4 真实的虚拟生命

我们说到生命，其实应该有更加精确的定义。而从更加直观的角度去考虑，一个拥有自己形体的，并且能进行独立思考的个体，就像是拥有生命一样。长久以来，计算机程序在很多层面都已经可以如同进行“思考”一样来输出结果。但因为运行的程序并不可见，我们难以感知和体会，所以我们并没有将其当作有生命的个体。只有当计算机病毒发作时，我们才能意识到它的存在。因为当一个程序失去控制时，想要阻拦很不容易，也会对我们造成不可小觑的损失。

在虚拟世界中，我们可以很容易地建立让人可以感知到的形体，并让这个形体按照特定的程序去行动。这个形体可能发生的各种行为全靠所对接的程序来控制。这就好像在虚拟世界中将一个灵魂注入一个躯体。当这个程序可以对人在虚拟世界中的行为和信息做出应答，并基于相应的处理方法产生一些反馈时，从我们的角度来看，这个对象就好像获得了独立的自我意识一般。

在人类的科学技术不断发展的过程中，都在不断地尝试符合人类习惯。我们建造机器人、研发人工智能。需要这两者达到一个非常高的水平，才可以被认定是机器人。而在虚拟世界中，机器人的实体硬件再也不会成为一个难以攻克的课题，只需要各种各样的形象，搭配适宜的人工智能，就可以在虚拟世界中迅速地制造出各种类型的“机器人”。在很多游戏中，人工智能的游戏参与者会按照设置好的游戏规则进行游戏，在与人类的对局中显示出非常强大的实力，他们对于游戏规则的充分运用和快速的计算能力，让人很难应对。从反恐精英游戏中的机器枪手，到 AlphaGo 围棋的人工智能，我们看到了越来越与人类接近的思维水平。当人工智能发展出更好的开放思考及判断能力、与人互动和应变的能力之后，在虚拟世界中也许再难辨认对面虚拟形体的真实与否。

2.4 准备出发

讨论了这么多虚拟体验的原理与现象，我相信大家早已按捺不住，想要开始进行尝试。下面为大家顺利地开始体验提供一些指引。未来无论我们能否参与到这个行业里来，尽快地进行尝试，都一定会对自己未来的判断产生巨大的影响。

设备

首先我们来看看设备的挑选。现在的个人虚拟体验设备分为两类，一类是移动设备，另一类是需要基于个人计算机或是游戏主机的虚拟体验现实互动设备。除了个人虚拟设备以外，还有更为大型的虚拟体验设备，用来做特定的培训或体验。

个人的虚拟体验设备，可以按照个人需求来进行划分。如果喜欢多样化的内容体验与便携性，那么推荐移动设备；如果倾向更加强大的游戏体验，建议尝试主机类的虚拟设备。大型的虚拟体验设备只有在特定的场景才能用到，并不适合家庭。不过也许经历了相当长的时间后，会在家庭普及相对大型的虚拟体验接入设备，但那应该是很久以后的事情了。

移动设备可以分为两种，第一种是最为廉价的虚拟空间眼镜，比如 Google 的 Card Board 及其技术标准下的各类头戴 VR 眼镜产品。这类产品价格低廉，非常适合初始体验虚拟空间的感知，通过一个手机自带的各类感知器和相关的应用程序的配合，就可以以非常低的门槛，让使用者很方便地进行尝试，选择也非常多样。但是这种产品的体验并不够优秀，同时也缺乏合理的互动机制。第二种是可以实现更多功能的头戴式整合设备，这种类型的设备也包括用三星手机与 Gear VR 进行配合使用的方式。这些头戴式设备可以提供多种互动按钮，拥有更好的稳定性，同时还有相应的硬件系列，即游戏控制器来进行配合。在 Google 发布 Android 专用的操作系统后，相信更多的设备会是具备独立处理器屏幕及电池的产品，通过近场通信与现有的移动智能手机进行连接和互动。

游戏平台的选择反而很简单，使用者可以按照自己的游戏主机尽心选择，或直接通过个人计算机使用 Oculus Rift，来运行各类具备虚拟现实功能的游戏。现在主要在 Oculus、Valve 及 Sony 公司有现成的产品。相信其他游戏主机与设备也会很快地推出市场。

大型的虚拟体验产品更多的是订制化设备。可能出现在各种类型的驾驶培训中，也可能是形成一种新的线下商业形态，或连锁的虚拟体验线下店。可以提供远远超越个人虚拟现实设备的丰富而真实的体验。

内容平台

现在的虚拟体验的应用相比移动互联网中 App 的数量来说，微不足道，但是基于现有的虚拟体验应用的启发，相信未来会有更多的虚拟体验出现。现在选择预定虚拟体验应用的用户并不多，而应用的分发渠道也相对单一。现在每个硬件厂家都在经营自己的应用平台，使用者可以先从设备自己的应用平台开始。Google Play 也提供了各类按照 Card Board 规格生产的 VR 眼镜的内容适配。现在各类视频网站也纷纷推出的 VR 形式的视频，作为虚拟体验应用的内容来源之一，同时也可以作为社交化传播的主要分享内容，拥有非常好的市场前景。目前各种类型的 VR 应用在中国的连接发展得都还非常缓慢，希望想尝试的朋友要更加有耐心，相信很快各个虚拟体验的厂家就会开始全面拥抱中国市场。到那时，我们就可以更加方便快捷地增加我们的应用了。

眼镜与塑胶袋

无论是虚拟体验行业，还是其先行者 VR 行业，都是刚刚进入商业化的新兵，相关的产品也相对初级。那么就避免不了出现很多不兼容的问题和体验上的瑕疵。现在的各类头戴式的虚拟现实设备，都是为视力正常的人群设计的，并没有考虑到有各种视力问题的使用者。佩戴眼镜的人还非常多，如何来兼顾这些消费者，也是非常重要的一环。有些深圳的VR眼镜厂家，已经宣称可以通过功能更强的透镜组合，对近视进行非常好的视觉修正。

新的产品一定会存在一些体验上的不足，其中最为严重的就是计算性能的使用不良，或是硬件能力不足造成的刷新延迟，这个延迟累积起来就会形成迟滞感。当反复发生的迟滞感达到一定程度的时候，会对人的平衡系统产生很大的冲击，造成使用者的晕眩。所以刚开始时，我们还是要谨慎地使用，不要使用过度，如果发现自己的身体并不适合现在的初代产品，那么就先等一等。

第三章

现有的商业生态

03

虽然“虚拟现实”这个概念感觉是2015年年底才开始出现在各大媒体上，有了很多报道，其实整个产业早已开始启动，一直准备着更全面的商业生态运作，等待走出“黑暗时代”的那一刻，充分地进入快速发展的阶段。从公众的世界中，我们觉得“虚拟现实”“增强现实”这些产品概念好像是忽然一下子出现的，其实整个产业的划分和发展已经持续了很多年，而最近一次的产品与技术的重新布局也已经经历了几年的时间。

我们对现有的商业生态进行梳理，可以帮助我们更好地分析市场及技术，选择适合自己的参与方式。虚拟体验领域内早已经盘踞了现在互联网上主要的几大公司，但是这并不意味着没有市场空间。互联网大公司把整个体系搭建好，需要更多的不同层面的生态伙伴，生产出特定的应用、内容及服务。在使用了虚拟体验产品后，每个人感受到的最为震撼的并不是其显示效果，而是这种虚拟世界的呈现方法所带来的巨大机遇，相信很多人在使用之后就会非常想参与其中，去创造奇妙的虚拟世界。

科技行业瞬息万变，本章为读者介绍行业发端时的状态特点，希望能对参与者有一定借鉴的作用，让参与者的决策更加清晰。相信在行业发展的过程中一定会经历各种曲折和变化，会偏离并改变行业初始的格局，这是必然会发生的，也是行业的机会所在。

3.1 虚拟实境的产业架构

任何一个科技产业，都会有着丰富的技术层级。通过行业的层级划分，我们可以清楚地看出该行业的重要推动力在什么地方，重要的商业利益在什么位置，哪里是技术驱动的，哪里是运营驱动的。

下面我们将虚拟实境产业简单地分为基础技术层、硬件产品层、开发平台层、应用平台层、应用及内容层和商业运作层。并对每层做一个简单介绍，方便大家了解其价值及特点。

基础技术层

这层集中了用来研发、生产各类虚拟体验产品所需的必要的核心技术。即VR、AR、MR 相关需要的特定的显示技术、软件算法、协议、芯片、传感器制造及软件系统。在这层产业中，很多都有着非常大的市场效应的技术及应用，比如视网膜投影技术及谷歌专门为 VR 设备发布的 Android 系统，其中包括一些旋转的计算算法，都是非常基础的。一旦研发成功，并被市场有效地应用，价值是非常巨大的。但是这一层也需要长期的大规模的投入，且并不一定能保证成功，所以并不是一般小的团队或企业可以涉足的领域。这个领域现在基本上主要由欧美的大型机构参与。

硬件产品层

这一层是现在发展最快的一个业务层面，以至于众多大小团队出现在各个国家，一同开始供应高低端都有的设备，从蔡司这种老牌的镜头制造商到深圳的淘宝品牌，从 Sony PlayStation 到 Valve，都在热火朝天地不断推出升级产品。而实际上，这个产品领域的竞争是最激烈的。这一层基本上分为两大阵营，一个阵营是自主研发产品的企业，包括 VR 的 Oculus、PS、Valve，AR 的微软，MR 的 Magic Leap 等厂家；另一个阵营就是在 Google 带领下，基于 Card board 纸卡 VR 眼镜规格，进行升级的各类企业，其中就包括蔡司、中国的暴风魔镜及一众淘宝的 VR 眼镜。这两个阵营的特点十分鲜明，自主研发产品的企业，有着明确的产品和市场定位、强大的体验效果以及高额的研发费用和设备价格。而 Google 带领的一众 Card board 队伍，有着非常低廉的价格，其价格甚至是自主研发产品价格的百分之一，但同时该阵营的产品也缺少很多用户体验和互动的功能。在这两大阵营的战争中，市场究竟会选择哪边，还需要时间来见分晓。而值得注意的是，Google 发布的 VR Android 操作系统，明显是针对更高端的、有独立操作系统的 VR 设备进行的提前布局，相信 Google 很快就会发布属于自己的高端的 VR 设备。

开发平台层

这一层的消费者除了在虚拟体验应用打开的时候看到过几个熟悉的 Logo 之外，并没有具体感觉。但是开发平台至关重要，每一个应用都会选择并使用一个开发平台，这样自然就可以形成明确的技术阵营，而开发平台可以提供的不仅是技术解决方案，还可以提供类似支付通道、广告平台、分发渠道等一体化的支持。可以说是很多游戏和应用开发不可缺少的幕后支持。开发平台这一层主要还是欧美的企业发展较早，但是触控科技的 Cocos2D 游戏开发引擎在手机游戏领域已经达到了 80% 的市场占有率，这说明中国企业在开发平台层还是有发展机会的。不过开发平台并不直接接触用户，都是通过各类应用的使用集成在一起，从而对于用户的运营比较难以到达，而随着应用进入爆发式增长的阶段，应用开发团队要更加专注于应用的内容、创意与使用价值，若是能提供诸如存储、会员系统、广告系统等丰富功能的引擎，再通过成功的运营也会带来巨大的商业价值。

应用平台层

这一层类似于传统 App 的下载渠道或 App Store，在整个产业运作，尤其是利益分配中，起着非常重要的作用。而在应用平台分发层中，有以下 3 种类型的参与者。第一种是硬件制造商，基于自己的硬件搭建应用管理和分发平台，通过邀请、整合等方式，聚集众多适配过的应用，可以随着硬件的发售同步进行用户的覆盖，但是难以跨越硬件厂商进行联合。第二种是手机应用商店，是游戏分发及视频网站转型的分发渠道，这个类型的参与者起点高、内容源广泛，可以快速占领初级视频播放领域的市场。但在深入的合作开展中，会遇到硬件平台众多、合作形式不同、技术接口多样等挑战。第三种是基于引擎，或者开发上，或者原生的基于 VR、AR 平台产生的专有的内容、应用、媒体及分发门户，这种形式一定要全面适配各种类型的硬件和开发平台，为消费者提供更全面的传媒结合内容的服务。

内容及应用层

内容及应用层可以看到是想象力最为丰富，可以存在与各种类型和业态的内容制作者和应用开发者，也是长尾应用的主要场景。对于新的使用体验下的探索和过往经验的迁移，至少会持续 3 ~ 5 年的快速发展期，无论参与者还是应用内容的数量都会急剧增加。而新的商业模式如果能带来通用的变现方法，这些长尾的应用就可以很容易找到适合自己的生存方式。在应用和内容上，会经常进行跨界合作，无论是在开始阶段，利用 VR 的新特性和游戏及影视进行快速地合作，还是到后来在计算机及智能手机上可以运行的各类应用，都会逐渐体现在新平台上。

商业运营层

商业运营层主要讲的就是基于 VE 的各种类型的产品及内容进行的商业运营，包括营销、销售、电商、推广、品牌合作、媒体、商业服务、社交服务、商务服务开发、广告运营、流量分发等。这些商业运营的参与者可以很容易地从现有的商业平台上迁移到 VE 的商业环境中。基于 VE 虚拟体验的空间丰富性，信息可以展示的内容形式比屏幕更多样，同时突破了手机屏幕及内容排布的空间制约，为各种类型的商业运营提供了巨大的空间，而比平面更加详细的空间效果展示，也会促进更加直接的商业对接。基于商业运作的空间越多，免费模式可以支撑的应用和服务就更加庞大和专业，有了这个空间，也能孵化出更加超越想象的应用及创意。

虽然现在 VR 产业刚刚兴起，AR 及 MR 还没有稳定的产品上市，并不能一次看出虚拟体验 VE 的全貌，但是从各个层面的产业构成上来看，各自的参与者已经划分得很清楚。很多层面的参与者是带着这几年移动互联网、电商及 O2O 的行业运营经验及团队进入到 VE 领域的，这对于该行业的快速发展及快速进入商业轨道是非常好的基础。就好比现在经历了 iPhone 所带来的各个产业的变革和发展后，又把现在的参与者送回 2008 年一样，每个经历过这个产业发展变化的人都能快速找到自己的位置。现在的 VR 产品就好比刚刚发布的 iPhone 手机，但是行业参与人员却早已不是当年那些懵懵懂懂的探索者了，按照以前的经验，可以快速地将各个层面的运营发展到可以和现有产业快速对接的阶段。

通过这个行业划分的结果，我们可以看到，很多并不容易进入的领域，即便是门槛高的领域也并非完全没有竞争，各个软硬件及互联网巨头纷纷拿出自己的方案、服务与产品，为的就是在整个虚拟体验领域内占有一席之地，为自己在这场大戏中留一张门票，先站稳脚跟继而辐射整个市场。

3.2 各展拳脚的科技巨头

与很多新兴的产业，如社交网络、团购等行业不同，虚拟体验的发展与启动并

不是通过遍地开花的创业者来快速铺展的，而是由我们熟识的互联网科技巨头引领的技术发展来铺展的，这种现象也可以佐证各个科技公司对虚拟体验平台的看重。无论每家公司处于什么样的战略考虑，我们相信也不一而同，但是在虚拟体验领域的品牌与投资者列表中，简直就是顶尖科技公司的一场巡礼。那我们先对他们进行简单地了解，至于各种道理和策略，先不做评论，需要读者自己去思考。

3.2.1 Oculus 重磅出场

基本介绍

Oculus，2012 年 6 月由 Palmer Luckey 和 Brendan Iribe 在美国加州创办。2012 年夏季，Oculus 发布了一款头戴式的虚拟实境显示器 Oculus Rift，为用户提供游戏和视频的体验。该公司为这款产品在 Kickstarter 上发起了一个众筹，为开发项目筹集资金。开发版本发布之后，被证实非常成功，众筹项目也为公司募集了近 1000 万美元。消费者版本于 2016 年 3 月底发布，该版本的套装使用了全新的设计，并配备了集成耳机、动作追踪的手柄和红外 LED 感应器等设备。2014 年 3 月，Facebook 的 CEO 马克 · 扎克伯格（Mark Zuckerberg）同意以价值 20 亿美元的现金和 Facebook 的股票收购 Oculus VR 公司。2015 年，Oculus VR 收购了 Surreal Vision，它是英国一家主攻 3D 重建和混合实境的创业公司。2015 年 11 月底，Oculus 和三星建立合作关系，一同为三星的 Galaxy 系列手机开发了 Gear VR 头戴显示设备。

Oculus Rift 是该公司推出的一款杀手级设备，于 2016 年 3 月发布其消费者版本，使之成为第一个消费级的虚拟实境头戴式显示器。从创始到发布量产消费者版本，Oculus Rift 共发布了 5 款开发版本套件，其中两款提供给开发者作为开发使用，分别是 2012 年的 DK1（Development Kit 1）和 DK2，以便应用开发者能在 Oculus Rift 的消费者版本发布的同时发布配套的应用。同时这两款开发版本套件也被虚拟实境的狂热爱好者热烈追捧，想要提前一睹虚拟实境的“芳容”。

发展时间线

Oculus 的创始人帕尔玛·拉奇（Palmer Luckey）是南加州大学创意科技研究院的一名头戴显示器的设计师，并长期担任必为所见（MTBS）论坛的版主，被认为是世界上收藏最多头戴显示器的个人。他在必为所见论坛上表达出想开发一款更高性能且价格更容易让游戏玩家接受的头戴显示器的想法。2011 年，18 岁的拉奇在加利福尼亚长滩的父母车库中制造出一个最初的原型机。

无巧不成书，约翰·卡马克（John Carmack）也在必为所见论坛上看到了拉奇的想法，而且他当时也正在做此方面的研究。在拿到拉奇的原型机后，他也认同拉奇的解决方案。2012 年，id Software 公司宣布《毁灭战士 3》游戏将支持头戴显示器；在同一个展会上，卡马克和拉奇也发布了他们的头戴式显示器，这款显示器以拉奇的原型机 Oculus Rift 为基础，执行卡马克编写的程序，使用 5.6 寸屏幕和惯性传感器，通过两个镜头让用户体验 3D 的视觉效果。

在公司成立之后，Oculus VR 先后推出了 5 款 Oculus Rift 样机。

2012 年，Oculus 在 Kickstarter 上发起众筹项目后，狂热的粉丝蜂拥而至，以每分钟 4 ~ 5 台的速度购买开发者样机以支持 Oculus 的下一步研发，这种热情持续了一周之后才开始慢慢减缓。DK1 采用 7 英寸屏幕，比原型机提高了显示器响应速度，减少了动态模糊和纱门效应；另外在 3D 视觉上，由于左右眼的画面并不是完全重合，双眼各会看到独立的画面，使得整体可视角度更大，在水平方向超过了 90°，竖直方向达到了 110°，比同时期其他厂商的可视范围扩大了 1 倍以上。同时使用了独立的陀螺仪和其他位置传感器，使得视角定向更加精准。

2013 年 6 月，Oculus 推出了高清版，该版本使用了 1080P 解析度的屏幕，进一步提高了画质，解决了 DK1 广为诟病的低解析度问题。

2014 年 1 月，Oculus 更新了水晶湾（Crystal Cove）版本，将屏幕进一步升级为 OLED 屏，更增加了外部摄像头用以追踪头戴设备上的红外 LED，使得设备可以追踪用户的站立蹲下姿势，减少了眩晕感。

仅仅两个月后，Oculus 在游戏开发者大会上发布了第二代开发者套件 DK2（Development Kit 2）并于同年 7 月面向开发者发售。该版本在水晶湾版本的基础上做了进一步改进，使用三星 Note 3 Super AMOLED 屏幕，减少了屏幕延迟，同时在使用的便利上对外观设计做了优化。

2014 年是 Oculus 产品迭代爆发的一年。同年 9 月在 Oculus Connect 大会上发布了月牙湾（Crescent Bay）版本，该版本在 DK2 的基础上将原来的一块屏幕升级为两块，再次提高了屏幕分辨率，减轻了重量，增加了后方的 LED 灯用于位置追踪，同时在软件方面加强了位置和声音的算法，以提供更真实的体验。

2015 年 5 月，Oculus 发布消费者版本，2016 年 1 月开始接受预定，并在同年 3 月底开始发货。

应用及生态

Oculus 给 Oculus Rift 的定位是游戏装备，不难想象，头戴显示器和其他虚拟实境设备是未来几年游戏发展的一个大趋势，随着游戏制作越来越精良，玩家对沉浸式游戏体验的要求也越来越高，游戏的交互方式也开始多样化。

过去，电子游戏的交互方式主要是两种形式：游戏手柄和键盘鼠标。这两种形态保持了相当长的一段时间，之后由于显示硬件和 3D 渲染技术的提升，游戏外设如方向盘和飞行控制器开始被玩家收藏，这些设备在一定程度上可以模拟真实的交互方式；在这之后出现了 Wii、Kinect 等体感游戏设备，这几款设备则将游戏的交互方式扩大到了肢体的动作，使玩家和角色更自然地结合在一起，但是游戏的视觉输出还是停留在电视屏幕上，玩家并不能完全融入游戏的世界中。游戏交互的一个重要分枝也几乎同时出现：智能手机在这一段时间内广泛普及，手机游戏也开始各领风骚。虽然手机并不华丽，但是利用智能手机里丰富的传感器，手机游戏的交互一时之间也开始涌现各种新的探索，一个在地铁里用手机玩保龄球游戏的视频曾经在网上红极一时，大家在开怀大笑的同时也领略到了手机游戏丰富的交互所带来的乐趣。手机上第一人称的射击类游戏中利用陀螺仪感应器，靠手机的位置转动和俯仰来指向敌人，双手控制移动和射击的模式，已经有了虚拟实境的一点苗头。目前虚拟实境设备的普及，让这种体验几乎可以无缝衔接。

在非游戏领域，Oculus Rift 的应用则主要体现在 3 个领域：娱乐、教育和医疗。娱乐自不必说，3D 影片有了更好的观看体验，更有 360° 全景的视频开始在各个视频网站或其他渠道上铺开。而对于 Oculus Rift 来说，更有社会意义的应用可能是在教育和医疗上。通过 Oculus Rift，高危行业的教学将有足够的模拟教学空间，尽量减少危险。在医疗上，虚拟实境可以解决教学和诊断的问题，但是由于医疗教学的特殊性，传统的教学方式依然是最有效的，所以这里并不一定会是虚拟实境设备的用武之地；但是在心理方面的治疗和康复上，虚拟实境设备将大有作为。

技术

Oculus Rift 所涉及的硬件技术大概并没有特别大的突破，每一个都是已经存在的成熟技术：OLED 面板、陀螺仪、透镜成像、星座追踪系统（Constallation）、XBox 手柄、Oculus Touch 游戏手柄等。这些已为人熟知的硬件技术和软件系统配合起来却为玩家提供了优秀的体验。Oculus Rift 的星座追踪系统通过软件系统、陀螺仪、外置红外相机、头戴设备和 Oculus Touch 手柄上的红外 LED 灯的配合，精确地分析出用户当前的姿态和位置，也包括用户手持 Oculus Touch 的位置及姿态，为用户提供深度贴合姿态和现实世界经验的使用感受，包括 3D 音效中音源位置的精确变化，用户在虚拟场景中手的持握感受位置的变化，更不用提视觉上高刷新率的 3D 现实。这一切都在为一个完美的体验服务，让用户感觉不到虚拟的存在，更加深入地投入到虚拟的世界中。

从开发上看，Oculus 为开发者提供了开元的软件开发工具包（Software Development Kit，SDK），这意味着开发者在为 Oculus Rift 制作应用时并不需要任何的认证过程，也不需要向 Oculus 或第三方支付任何费用。2016 年 3 月发布的消费者版本的 SDK 已经支持整合接入大部分虚拟实境的游戏开发引擎：Unity3、Unreal Engine 4 和 Cryengine，开发者可以利用这些引擎更方便地进行开发。

商业运营

目前 Oculus 公司的主要注意力还是在硬件设备上，对于整个生态和商业的推动，最大的动力依然来自第三方开发者，其中包括游戏巨头，也会有中小型公司的巨大机会。目前硬件设备迅速更新，但配套软件应用还没有跟上，所以在接下来的短期内将会是软件应用推动硬件销售，优秀的应用将会促使人们开始购买硬件。Facebook 在收购了 Oculus VR 之后，也开始着手在虚拟实境社交上布局，相信在不久的将来我们将会看到新产品的出现。

3.2.2 Google 降维攻击

基本介绍

说到“降维攻击”，中国的科幻迷们应该并不陌生，这个词语来自刘慈欣的长篇科幻小说《三体》三部曲的第三部《死神永生》，大意是宇宙中的高等生物通过降低空间维度来对可能的敌对势力实施毁灭性的打击。而我们讨论的 Google 降维攻击指的则是 Google 针对安卓设备提供的 Google Cardboard 设备。Google Cardboard 在狭义上指的仅是一款接入安卓手机的平价设备，以二维的纸板折叠成一个可以容纳手机的纸盒，加上透镜，组成一个让用户可以利用手机进行虚拟现实体验的头戴式显示器；而在广义上则是指 Google 公司为一整套虚拟体验而搭建的 Google Cardboard 平台。这个平台包括 Google 公司官方 Cardboard 设计的尺寸规范说明、第三方厂家根据 Cardboard 标准生产的接入安卓手机（目前也有少量应用支持 iOS）的虚拟体验设备、一套完整的 Cardboard 平台虚拟体验应用开发接口和规范以及设备生产制造规范。截至 2016 年年初，Google Cardboard 的各类设备已经有超过五百万台的销售量，并有超过 1000 款适配的应用发布。

发展时间线

Google Cardboard 的创造者是来自就职于法国巴黎 Google 文化中心（Culture Centre）的两位工程师大卫·柯兹（David Coz）和达米安·亨利（Damien Henry）。他们利用 Google 公司的 20% 的创意时间，在 6 个月的时间里设计和制造了这个设备，并开发了最初的应用。Google Cardboard 在 2014 年的 Google I/O 大会上被发布，引起了参会试用者的关注，这个长相略显寒酸的设备成为此次大会上一个极大的亮点。Google 在 2015 年的 Google I/O 大会上宣布， Unity 插件开始支持 iOS 系统。支持 Cardboard 的应用也在 Google Play 和 App Store 上广泛铺开。2016 年年初，Google 设立了新的 VR 部门，由克雷·贝维尔（Clay Bavor）出任部门主管，并在虚拟现实方面增加投入资金。现在，Google Cardboard 以其低廉的价格，让拥有智能手机的人可以进入虚拟现实世界。

应用及生态

应用类型：Google Cardboard 在生态方面的优势主要体现在安卓平台方面。由于安卓平台在设备上的广泛安装以及应用商店的普及，使得开发者可以覆盖更多的用户，截至 2016 年年初，在 Google Play 应用商店上支持 Cardboard 的应用已经超过 1000 款，下载量则达到了惊人的 2500 万次。由于 Cardboard 硬件设备并不支持复杂的交互动作，所以目前的应用类型基本还停留在简单的游戏和 3D 视频上。

游戏：从游戏的角度来说，目前的游戏主要集中在第一人称射击、飞行射击、房间逃脱类型上。其中第一人称射击和飞行射击两类游戏大多需要配合蓝牙手柄进行射击操作，而多数时候玩家并不能控制角色的移动，主要的交互方式是通过视线的转动来瞄准目标，并扣动扳机进行射击，普遍节奏较快。由于 Google Cardboard 并没有自带的感应器，所有的角度感应均由手机感应器来完成，所以延时效应会略高，玩家连续使用一段时间后容易产生眩晕感。

房间逃脱类游戏由于时间上更宽裕，所以玩家可以通过头部的转动和其他交互方式在房间内移动，寻找线索，相对于前两类射击游戏，逃脱游戏在节奏上慢了许多，所以玩家不用快速转动视线，眩晕感相对减少，而交互动作的指向性也更加精确和可控。对比传统的逃脱游戏手机或平板应用，Cardboard 上的逃脱类游戏更令人身临其境，玩家可以沉浸在游戏中体验破解谜题的快感。这类游戏还会给玩家带来比较强烈的幽闭感，如果玩了一段时间还没有明显进展，在虚拟房间内的玩家感受到的孤独也会显得更加真实。

3D 视频和体验类应用相对于前两种游戏的紧张感则令人轻松了许多，用户可以通过 Cardboard 设备亲临世界各地的名胜，徜徉于异国的城市街道，甚至在外太空遨游。由于空间感的开阔，光线更加明亮，而且并没有急促的转动动作，这类应用普遍更容易让用户接受。另外一方面，3D 视频的播放应用也开始逐渐出炉，曾经只能在电影院才能观看的 3D 电影也可以在移动设备上观看。

视频：据 Google 的统计，截至 2016 年年初，用户在 YouTube 上观看 VR 视频的时间已经超过了 35 万小时，虽然这跟 YouTube 整体的视频播放量相比只是冰山一角，但是对于 Cardboard 设备来说，这并不是一个小数字。国内的各大视频网站也开始在实验室项目中推出全景视频的体验。

应用开发平台：Unity，其他内容提供商及制作者：有多少，最大的几个方便的 Unity 插件平台给开发者提供了强大的技术支持。但是由于硬件的限制，Google Cardboard 所支持的应用并没有强大的交互性，而且在视角追踪上的延迟相对较高，容易给用户带来眩晕感。

技术

Google Cardboard 在硬件方面几乎没有硬技术的突破，设备本身无非是折叠的纸板加上透镜。最先发布的版本甚至需要用户用手扶着设备才能使用。但是这并不妨碍 Cardboard 成为 VR 发展上的一个里程碑式的存在，因为从这里开始，VR 设备再也不需要借助计算机或游戏主机，而是充分利用用户几乎人手一部的手机，用手机上的感应器和输出设备以廉价且亲民的方式，让人们都可以体验 VR 带来的乐趣。

商业运营

Google 从来不只是做一款设备，每一次新产品的发布，背后都有强大的整个 Google 体系的支撑。Cardboard 也不例外，最显而易见的一点即是 Google Play 上的应用下载。

Android 系统的准备

Google 在 2016 年 3 月发布了基于 VR 应用优化的 Android 系统，这个系统很明显是针对独立设备进行的优化，是为专门的移动式 VR 设备准备的，让其不再依靠手机的支持。这个系统会为硬件的开发者大大减少开发的成本，将更多精力投放到产品创新和内容运营上。

犀利的整体策略

Google 在虚拟体验的整体布局上非常犀利，首先通过 Google Cardboard 将低端设备的门槛降到零，让用户有机会用最低的成本体验 VR，并提供内容的支持，也同时笼络了众多廉价设备的设计制造团队，形成了群狼的态势，在整个市场普及的初期，以最低的技术代价获得了最大的关注和认知。在后期的发展过程中，产品的性能必然会提高。这时候 Google 并没有急着推出自身品牌的高性能设备，而是迅速解决了独立 VR 头盔的操作系统及生态问题。相信随着这个系统的推出，市场上很快就会出现有用的解决方案，同时各种性能指标不俗的头戴式 VR 主机也会如雨后春笋般出现。所有使用了 Android 系统的 VR 设备，无论硬件上如何优化，从运营体系上来讲，都属于 Google 阵营。就这样，Google 不费吹灰之力就获得了众多创新团队和品牌的支持，并通过技术、方案的统一不断为这些团队和品牌提供更高的研发效率和稳定性，群狼之势更为明显。相信在未来，Google 还会继续推出他们能在行业进行横向整合的技术产品，不断地一层一层地切割并快速覆盖。由此可见，Google 下的的确是一盘大棋。

3.2.3 微软的未来视野

基本介绍

Oculus、Google 和三星还有其他厂商已经做出了试验性的产品或开放的平台生态，微软作为 IT 界的老大哥，如果再不出手放个大招，似乎有点说不过去。于是 2015 年年初，微软发布了 Hololens，一款让人看到演示之后就忍不住惊叹的产品。Oculus Rift、Google Cardboard 和三星的 Gear VR 在产品形态上来说还是属于虚拟现实的产品，即用户看到的是完全虚拟的场景，和其身处的现实环境并没有关联；而微软发布的 Hololens 则更趋向增强现实（Argumented Reality），既通过摄像头识别周围的环境，通过将光线投入眼睛来产生虚拟的界面，再和现实的场景结合到一起，对比其他 VR 头盔用户基本只能在虚拟世界中存在，不能与现实世界发生互动，Hololens 的用户依然可以在现实世界中与身边的人打招呼或自由的行走。但是用户所看到的虚拟界面只有用户本人可见，并不会分享给身边的其他人。在界面的交互上，Google Cardboard 只有最简单的磁铁动作，Gear VR 多了滑动、点按和其他的简单控制，Oculus Rift 则可以借助更复杂的感应设备来完成动作上的识别，而微软的 Hololens 则令人瞠目结舌地实现了动作和手势的识别，完成了用户和环境的相对位置、界面和环境的相对位置、用户的手势和界面之间的交互，这些复杂而多样的强弱交互形态让前面的几种设备相形见绌。

发展时间线

微软的Hololens在2015年1月21日发布，由Kinect的团队负责人亚历克斯·基普曼（Alex Kipman）研发。2015年6月微软发布了增强现实版的《Mine Craft》游戏，在这次演示上，两名工程师在同一个增强现实的世界中完成了协作交互。2016年3月，微软发布了 Hololens 的开发者版本，而消费者版本的发布时间尚未确定。

应用及生态

HoloLens 目前还属于保密的研发阶段，相关的详细消息非常少，而其展示应用方式还是足够令人期待的。开发者版本的 Hololens 设备才刚刚发布，预计在发布后的相当长的一段时间里，并不能快速地进行应用的落地。根据微软产品迭代的特点，一般到第三代产品才会达到一个相对的高度，以每年迭代 1 次计算，我们至少还要等上两年，才能得到一个真正可用的设备。不过从对外宣称希望达到的效果来看，是个值得等待的设备。

3.2.4 三星、HTC 等厂牌各据一方

除前面讲述的巨头之外，其他厂商和品牌也开始在虚拟实境领域布局。国际上，手机巨头三星、HTC、索尼也已经开始有产品发布或开始接受预定；国内的各个互联网企业也保持了一贯的对市场动向的快速响应，陆续推出了硬件设备或互联网内容的支持。

跟所有商业战争的酝酿如出一辙，各个资本巨头开始拉帮结派。三星和 Facebook、Oculus VR 开展合作，推出了一款连接手机的头戴显示器 Gear VR，并支持三星所有的旗舰机型；HTC 和游戏开发公司 Valve 合作推出了 HTC Vive，这款硬件与 Oculus Rift 相似，是一款基于 PC 的虚拟实境系统，并且和 Oculus Rift 一样都包括带红外 LED 的头戴显示器、两只带红外 LED 的控制手柄和外置的无线定位装置，相当复杂且完善。而 HTC 更有优势的一点是 Valve 的资源：Valve 作为一家历史悠久的游戏开发公司，有大量的游戏版权，而且拥有目前最大的游戏发布平台 Steam——这一切都为 HTC Vive 的发展做好了铺垫。在过去的许多年里，索尼在游戏上的 Play Station 为 Playstation VR 的发展也打下了良好的基础。三星的 Gear VR 则是配合三星近三年的旗舰手机。这三款设备都是基于企业已有的产业布局和市场占领，在一般情况下，企业在探索虚拟实境的道路上会自然地优先选择自己已经有投入的平台，因为切换平台会产生高昂的周边花销，如配套设备、现有应用或游戏的版权等。其中的一大亮点是三星的 Gear VR 是基于移动设备的头戴显示器，这使得头戴显示器的使用场景远远多于其他两个需要固定地点的设备，用户无论是在家中，还是长时间的在交通工具上，或是旅行都可以

很方便地携带，随时体验虚拟实境带来的沉浸感受。

短期看来，三款设备的走向并不相同，这使得市场更加多元化，竞争并不会局限在某一个场景或领域；而各个企业也会针对自己的长处进行战略部署、产品研发和平台拓展，并不会就某一个特定领域去与其他有优势的厂商正面交锋。而长期看来，三星的 Gear VR 则更容易升级，虚拟现实在未来一定会转向或兼容增强现实，而增强现实的前提是虚拟实境设备在不同使用场景下，可以给用户提供更多的资讯和辅助，这是基于移动平台的 Gear VR 的先天优势。

3.2.5 Magic leap 的魔幻世界

Magic leap 是一家神秘又大牌的公司，从其公布的技术路线来看，充满了科技感与未来感。Magic leap 公司的四轮融资总额超过 22 亿美元，整体估值超过 45 亿美元。迄今为止，Magic leap 只推出了两个产品视频。从产品视频所展示的震撼效果来看，一旦该产品实现了消费市场的产品化，其所带来的震撼效果绝对会席卷整个消费电子信息产品领域；而从公司的融资背景来看，有大量国际科技公司的介入，同时，Google 的新任 CEO 桑达尔 · 皮猜也任职了 Magic Leap 的董事。这些背书简直令人瞠目结舌，科技巨头们如同购买方舟船票一般纷纷抛出巨额支票。

Magic Leap 拥有的光纤投影技术，可以将投影和扫描的设备变得轻便小巧。在它之前为美国国防部研制的设备中，就实现了 4K 级别的投影及扫描能力。依仗这项技术，设备可以在非接触的情况下完成直接针对视网膜的投影成像。一旦这个技术设想完成，将是人类视觉能力和信息获取方式的巨大飞跃。再配合计算机的图形处理技术，就可以将虚拟的影像叠加在视野中的任何位置，并能与环境很好的相容。虽然我们现在只能从宣传视频中体会这种技术的神奇效果，但是相信在不久的将来，我们就可以亲身体验 Magic Leap 推出的这款神奇的产品。

3.3 接棒智能硬件

智能硬件的热潮是从 2014 年开始的，在 2015 年得到了很大的发展，且一直保持着持续发展的势头。智能硬件和虚拟体验 VE 并不是直接相关的产品，但是在发展趋势上，却有着非常紧密的关系。

智能产品从本质上说，就是将日常生活中用到的各种“电子产品”“随身设备”“电器”都植入嵌入式的计算能力、传感器的探测能力和近场通信能力，再通过手机或家庭中控设备进行信息的收集汇总和监控。通过这种硬件信息化的方式，来服务我们的日常生活、工作和学习，同时还能保护我们的健康、优化我们的生活环境、提升我们的工作效率和生活质量。

现在，触摸屏幕和嵌入式系统已经遍地开花。在电子产品中整合一个具备近场通信功能的嵌入式，再通过手机上的应用 App 进行配对之后，一个简单的智能硬件的场景就搭建完成了。然而消费者发现除了智能设备带来的便利之外，这些应用让原本就狭小的移动设备，变得更加的繁忙和拥挤。消费者真正渴望的是，一种新的体验方式带来的体验和使用价值。

首先，让我们来看一下智能硬件与虚拟体验在团队和市场运营方面的关联。智能硬件并没有对虚拟体验有直接的支持，但是从从业人员和研发生产制造运营的流程上来看，两者之间又有很多可以相互借鉴的地方。在第一章中，笔者提到智能硬件并没有机会成为一个计算平台或用户信息中心的角色，但智能硬件在开发运用过程中积累的各类经验，却能快速地运用到虚拟现实设备的开发上，如硬件产品设计、电子电路设计、软硬云一体化方案开发、供应链整合、物流及电商的应用开发、营销渠道等。在整个市场并没有被彻底瓜分的时候，公司从硬件开始快速占领市场，一定是未来最具有商业价值的方式。从这个角度看，智能硬件的制造团队，尤其是智能手机、多媒体盒子、穿戴式设备的制造团队，都非常有机会迅速转型，研发出快速适应市场的硬件产品，同时借着越来越好的创业环境、生产制造能力及物流电商渠道，比外国的竞争对手更快、更直接地覆盖中国的销售者。现在，中国的运作模式成熟度很高，也可以迅速地在除了几个最发达的欧美国家之外的地区，如东南亚、拉丁美洲等地拓展市场。

其次，智能设备和虚拟体验尤其是增强现实、混合实境，又可以建立一个从信息获取到反馈的完全闭环。智能设备开启了一个新的消费习惯，即用户开始在主要的随身信息工具——手机之外使用更多的附属的智能电子设备。用户习惯从各个类型的产品上反馈数据，也习惯被各类信息包围。有个不恰当的说法来形容中国的家电行业盲目地推出智能家居产品——“把所有能通电的设备都装上屏幕、网络和计算处理器”，这种粗暴的方式远远背离了人们在使用信息产品时所处的场所及人们的信息使用习惯。当每个设备都装上屏幕，我们面临的只能是信息过载。

虚拟体验类产品阻止了一类奇幻场景的出现，这个场景反复地出现在各类科幻文学及影视作品对未来的描写中，即无处不在的屏幕，连屋子的墙壁、道路的两侧都是屏幕，可以触摸，也可以互动。现在想起来，其实这类场景非常不现实，无论是从经济角度，还是从使用体验的角度，都是错误的。可以理解的是，我们生活在一个被智能手机的触摸式屏幕占用了很多时间的年代里，我们对于“未来”的信息传播的畅想，就是“如智能手机一般的更大的设备铺满整个世界”。这个场景在《少数派报告》《三体》这类影视文学作品中都可以看到。其实这种畅想就是人们可以脱离小小的手机屏幕，从更不受拘束的空间中获取信息的一种愿望。而 VE 产品，尤其是未来一步一步通过技术变为现实的 AR 和 MR，都可以做到这一点。通过视觉内容的叠加，把各类信息投射在本身空无一物的墙上，而并不需要劳师动众地把每一个平面都安装上一个巨大的屏幕。在这种“被信息增强了的真实世界”中，我们原有熟悉的生活空间不会改变，只是通过虚拟信息技术，让所有现实世界增加了全新的价值。有趣的故事也来自于科幻小说，如在阿西莫夫的科幻小说《基地》系列中，所表现出的信息的便捷程度和科技的发展水平都非常高，完全看不出是70年前的科幻著作，其中人与飞船沟通的方式，就是直接感知交流。现在阅读这部小说，可以明确感受到作者的各类预言在一步一步地实现，唯独漏掉了智能手机形式的个人设备，直接进入了通过感知来控制各类智能设备的时代。虽然这部小说没有一丝不差地预测到现在的科技趋势，但笔者依然为此感到震撼，同时也印证了感知沟通和虚拟化的信息呈现，无论是在科幻层面、技术层面，还是在商业层面上，都将是一个必然的统一。

这时，虚拟体验与智能硬件的结合变得那么自然，当我们用增强实境设备去观察现实世界时，我们可以看到智能设备通过云端回传的传感器指标，如现实世界中的温度、湿度、工作进度等。我们也可以在虚拟设备中直接操作，去控制现实世界中的智能设备。这种联动的方式，才能真的发挥出增强实境产品的全部价值，否则虚拟的内容仅仅是桌子上跳跃着的小动物的影像，长久看来并没有给人们的生活带来更有意义的价值。也许在不久的将来，我们看一眼增强现实设备就可以知道我们的水壶是否需要加水、花是否需要浇水、汽车是否需要加油，还可以通过增强现实导航去往加油站的路，并在路上看到虚拟投射的路边广告，同时还查看了自己的日程安排。这种互动和融合才是作为用户信息中心的计算平台为用户的全方位生活带来的价值。

3.4 投资浪潮与创业传奇

在本书第一章论述 VE 产业发展的黑暗时期的段落中提到过，在整个技术驱动的发展全面爆发前的一小段时间，是投资及进入行业的黄金时期。很多公司在这个黄金时期之前的阶段早已开始了投资，除了我们知道的各大重要投资外，各个互联网及科技公司也早就开始了基于其自身位置和特点的布局和投资。

关于投资与行业发展相互促进的故事和道理有很多，而我们在 VE 这个巨大的背景下希望讨论的是我们该如何看待一个像虚拟体验这样巨大的变革带来的各种投资和创业的机会。风险投资资本在中国经历了 10 多年的运作，不仅通过资本的力量创造了几个国际水平的科技公司，同时也让整个社会对于创业及风险投资的概念有了更为广泛的认识。

投资策略有很多，但无论何种都是要选取那些更加容易成功的项目和方向。对于选择方向而言，我们更加希望选择的是聚集的方向，而不希望是特别散乱的方向。一个大趋势来临的时候，就是投资领域的又一场盛宴。无论是基础产业的分层投资，还是在一个层面或垂直应用领域聚集的投资，各家都有相应的策略。参与得多了，方向更加一致，相互的促进和鼓舞就形成了趋势，趋势又会带动实际项目和投资的进展，这样就形成了一股潮流。所以，我们经常看到投资人谈到对某个创业潮流的追捧或是回避。

对于虚拟体验产业来说，也是同样的道理，并不一定所有的投资机构都会热情地拥抱这股潮流。媒体裹挟着对本次投资趋势的鼓吹和直上云霄的神话，将上一个投资趋势来临时的宣传如法炮制，吸引了众多投资人、创业者、行业巨头和消费者的目光。对于以 VR 打头阵的虚拟体验产业，每个机构和参与者的判断都不一定完全一样，有如获至宝、时不我待、火急火燎参与其中的，也有冷眼观潮、理智谨慎的。因为没人能保证虚拟体验一定能快速地、爆炸性地发展到比现在的个人信息设备还巨大的市场规模，但是一定会在一段时间内达到一个相对的发展程度。这个发展的过程其实需要技术、市场、应用、商业各方面的协同，哪一条拖了后腿，都会拖慢整个产业的步伐，也许因为发展减速会有不少企业消失，而留下来的企业也要想办法弥补好缺失的环节才能再上路。就像现在火热的大数据的概念一样，也许概念终归有变得不再鼓噪的时候，但是技术依然会持续地发展，“机器学习”“深度学习”“人工智能”，这些一脉相承的技术终归会发展到一个理想的目标，甚至超越这个目标，而过程与时间并没人能精确地预料到。虚拟体验行业也一样。前文引述的高盛对于 VR 产业的报告中，也对行业的发展规模有一个开放性的预测，即在技术层面上，这一波快速发展的VR市场，可能会迅速地落地成为一个新的信息平台；也可能会再回炉，重新以新的、更好的产品形态出现在市场中，继续向前发展。

对于投资者而言，行业中的很多层次都被移动芯片制造商、屏幕制造商等把持，而主要的硬件产品也已经形成了一个初步的品牌划分，更主要的广大空间是在内容和应用领域。基于内容和应用的发展，不仅是在 VE 内容及信息范畴的运营，更有价值的是整合跨界的现有商业的整合运作。因为有了 VR、AR、MR 的技术，可以使很多行业发展出更多新的形式和模式，整合了新技术的老行业反而是可以更加快速地整合和落地的行业。比如教育、旅游或电商，都可以快速地利用入门级的虚拟体验建立新的模式，快速推向市场。即便是最入门的虚拟体验，也足以形成一个新模式的教育、新模式的旅游或新模式的电商，诸如此类。在这种新模式的变化下，可以在现有行业中快速地复制和拓展。最先将技术价值体现出来的团队肯定会获得非常丰厚的资本回报。

对于任何一个公司而言，在整个产业体系里站稳脚跟都是非常重要的事情。无论应用类型和模式如何变化，能在产业体系里稳稳站牢的机构，才能真正地不断分享产业整体发展的红利。从一个应用开始做起，同时植根于应用场景的现有商业体系，提供给用户的不单单是虚拟体验，而是整合化的服务和商业体验，并不断地在用户的商业运营层面形成基于用户的平台，这样就可以绕过技术平台卡位，形成用户商业价值。我们看到现在的互联网巨头，如腾讯，并没有像高通、Android 一样在移动互联网的技术和系统层面占有难以动摇的技术地位。但是腾讯通过用户和商业模式的积累，建立了基于移动网络应用的巨大的用户网络，同时也掌握了用户的使用习惯、关注内容、资金支付等信息，通过丰富的业务更加直接地触及了移动互联网的商业层面，产生了巨大的商业价值。抓住用户最本源的需求，才能辐射并拓展海量的用户；抓住用户在特定场景下的需求，才能聚集垂直的高价值的用户。这种基于产品与用户需求的运营路线依然是现在互联网思维的核心，现在也有很多成熟的团队拥有着非常丰富的互联网产品的运营经验。对于现在已经运营着的良好的互联网产品来说，VR、AR、MR 的技术手段和新的展示形式都是一个新的介质，通过这个介质达到对用户的把握又将是一波新的市场争夺的核心。现在投资人要忧愁的不是激烈的市场竞争，而是蛋糕太大，又有很多层，尤其是在应用层面和商业运营层面，有着非常大的发展空间。如何能用有限的资金达到最大的协同效益变成了一个很重要的课题。产业结合点很多，到底该如何选择策略和标的，需要企业对未来拥有非常强大的判断力。

对于在虚拟世界和混合现实中的本能应用，先暂且不管基于虚拟体验原生的使用需求，就单单是基于现有移动互联网的使用需求，就有非常多的必争之地。比如社交、电商、基于地理位置的应用或影视的应用等。即便在这些领域中已经存在了非常强大的机构，但是历史告诉我们，在一个平台上的强大的存在，并不一定能完成在下一个平台上的迁移。例如，移动运营商在互联网环境下就没有占有任何市场，只是在移动互联网占有了较少的一部分的市场，如移动小说阅读、游戏支付通道。而很多行业的巨头，如电商、在线视频网站，更多的是在现有行业里充分地竞争，只会以投资或收购的方式进入新的领域，并不会以整个公司转型的方式来进入新的行业。所以这些显而易见的需求必然会变成新平台应用商业化第一轮的爆发点和市场竞争的领域。

关于创业神话，其实并不需要笔者再来一一列举，无论是过往各个浪潮中存在的“明星”与“神话”，终有一天都需要直面市场的考验，浪潮的热度过去后，就需要真正的进行持续地发展。任何一波浪潮都需要和渴望“明星”与“神话”，来演绎成各种各样的都市传说，有时候还会变成推动趋势前进的动力之一。社会与经济的趋势和品牌价值，也都存在于参与社会经济过程的每个人的心中，每个参与神话传播的宣讲者和受众都是这个趋势的创造者。恰恰是这种驱动，又返回来带动了实际的消费和市场的拓展。

对于投资的目标，有几种显而易见的规则。这些规则无论对于投资者来说，还是正在选择创业方向的创业者来说，都是适用的。

1. 将现有的互联网应用“移植”到虚拟体验的平台

简而言之，就是将现在已经在 PC 及移动设备中使用的应用及服务移植到虚拟体验的平台上。这种方式看似粗暴，但是在整个应用发展的初期，这些是最终被市场接纳的应用，也是现在互联网行业既有产品及需求的延续。优点在于从团队到运营能力，产品需求的定义都有明确的经验及基础，并不需要重新地试错及大量地探索；缺点在于这种切入方法只是商业模式及运营的起点，还需要团队充分地理解它们在新的平台上的特点和价值，不断地基于新的平台来产生价值。而且对于这种方式，并不是所有已经存在的商业方式及应用都适合移植到虚拟体验平台上，有些移植之后并没有延续发展的机会和空间。但是这些问题并不能掩盖这种移植是在初期占领应用领域最快的方法之一的事实，只是还需要制定更有效的后续的发展计划及有效地转换思维，不能一直以现有的产品及运营思维来运作新的产品。这种切入方式在初期带来的大量的市场占有率，需要快速地转化成在产业持续发展中可以起到渠道作用的应用方式，只有这样才能有把市场最大化及商业变现的能力。

2. 将现有的线上线下的商业虚拟体验化

虚拟世界的真实化体验，一下子拉近了真实世界与虚拟世界之间的距离，让我们可以更加容易地理解和感受在虚拟世界中映射的现实世界的内容。在商业应用上更是如此。现代的商业领域经历了近百年的不断摸索总结出的商业运作经营的方式所带来的体验，在 PC 互联网和移动互联网时代被视作陈旧的经营方式，受到了快速搜索、电商、社交化营销的冲击。而在感受更加真实的虚拟体验中，商业消费实体经营的各种经验和体验直接呈现在了虚拟世界之中。被互联网隔开的实体世界，穿过数字化的网络，通过虚拟呈现，可以让我们无需真的亲身前去即可置身其中。这种体验还可以继续保有互联网带来的快速、可搜索、可无限拓展等便捷的特性。在整个线上线下商业虚拟化的过程里，团队需要具备原有的商业经验及合作运营能力，同时也需要具备虚拟技术落地的能力，更重要的是把两者融合理解，并用真正能发挥出虚拟体验价值的方式来呈现给消费者。如果能通过这种方式将各类已有的商业进行引入和重新激活，其商业增长的能力和速度会非常惊人。这种方式也是对现有商业进行的整合和创新，如果现有商业通过内部创新和整合的方式完成了虚拟化的改造，现有的商业体也就获得了在新的商业平台上继续发展的基础。如果有些商业领域中的机构并不能有效地在虚拟体验的平台上发展，那么必然会被基于新的平台发展的应用及商业机构所挤压或取代。也可以看作是新的体验和信息平台对传统商业的再一次瓜分。

3. 全新的媒体呈现方式

媒体在每一次信息平台升级及变革中，都跑在最前线。虚拟体验带来的前所未有的身临其境的感觉是以前的媒体平台和技术从未带来过的。现有的权威媒体的资质及组织并不需要重新更替，就可以为现有媒体提供新的内容、技术、制作、研发、推广、自媒体发布等，存在着巨大的需求和机会。对比其他的应用方式，在媒体平台上进行服务，对服务团队本身也是非常好的认知价值，对持续积累的品牌和认知有很好的商业价值。可以预计到，在很短的时间内，现有的各类新闻媒体、内容媒体，都会全面地进行虚拟体验的技术改造，并良好地兼容虚拟内容的发布和直播。包括新闻网站、直播平台、网络视频平台和社交媒体都会成为新体验下媒体价值的分享者。针对这些平台，无论是提供技术及解决方案，还是进行媒体内容的生成，都会是非常好的机会，也是未来进行商业辐射的重要起点。在不久的将来，我们会发现，虚拟体验技术会多方位地改变现有媒体传播和展示信息的方式。在新趋势兴起的时间点上，我们也许不能全面地列举可以做到的媒体内容的新奇体验，但是以历史上每次媒体平台转变过程带来的突破性和爆发性的形式创新为借鉴，我们会相信虚拟体验一样会带来很多现在还不能想象的媒体形式。这种媒体形式的创新也包括广告在内。

4. 影视内容的全景体验

影视内容作为文化消费内容，在每一个内容传播形式中，都几乎占据了最大的体量和份额。虚拟体验从 VR 带来的全景视野及临场感，到 AR、MR 提供的虚实交错的奇幻体验，都是会为真实内容的呈现提供巨大帮助的形式。内容播放方式的改变，一定会给内容拍摄、制作、存储、剪辑、后期、出版、分发、推广、终端呈现、商业化等环节带来改变。这种改变会带来很大的成本和机会，这种成本的支付最终是反映到消费者直接支付或通过广告等变现方式返回的价值中的。通过这个价值传递，将新技术制作能力及创意的价值体现出来。影视产品巨大的内容传播载体价值，远超过任何其他行业，对消费者的影响是最为强烈的，这种特质也一样会延续到虚拟体验中来。作为为影视行业服务的创业项目，早期提供专业的制作及技术是可以获得非常高的收入回报的， 但是随着快速的爆发式的发展，单纯的技术提供方的收入会迅速被竞争及竞价拉低，而更加全流程的内容制作团队会占有更好的位置，这就要求在这个领域创业的团队，有快速进入并有现成的独立自主制作的能力。

5. 通信与社交

在 PC 互联网及移动互联网开始的阶段，人们的注意力都会集中在新奇酷炫的体验及全新的媒体影视内容中。经历一段时间的发展，当新奇感过去之后，互联网逐渐地工具化，那么基于信息本身的沟通和互动就变得尤为重要，尤其是人与人互动的过程，可以说是信息通信领域最为高频的应用。通信工具一直是市场影响力和消费拓展能力最强的应用。在现有的应用环境里，即便 QQ、微信、What's App 等通信应用已经获得了非常稳定的市场占有率，但是虚拟体验平台所带来的体验改变实在是太大、太过彻底，不仅改变了信息的呈现方式，也完全改变了之前键盘鼠标、触摸屏的交互方式，甚至连窗口和界面都有可能被全面颠覆。之前在屏幕设备上积累的几乎所有的用户体验及产品的经验，都显得没有太多用处。而这也恰恰是市场的巨大机会，但是也是因为现有的互联网公司中存在着市场占有率非常高的巨头公司，所以让所有创业者和投资者对这个投资方向保持着谨慎的态度。但是笔者依然认为在这个应用领域取得的成功一定会是巨大且影响深远的，只是现在我们并不知道这个全新体验的创造最终会花落谁家。

6. 提供应用开发制作及内容创意

以 VR 先发的虚拟体验产品在 2015 年年底开始的半年中，快速地发展，这个发展和落地的速度是前几个信息平台发展过程中并未见到的。如快速提升的硬件出货、市场铺展、渠道建立、媒体关注和商业应用等。而在这发展迅速的趋势背后，是对虚拟体验应用开发和内容设计创意的巨大需求。这种需求带来的热络景象，我们在数年前移动互联网应用 App 快速普及的过程中看到过太多例证，更不要提 20 世纪的 PC 互联网时代建立的网站热潮了。我们看到应用开发商的角色在整个行业属于下游行业，或者说是蓝领的角色。但是对于一个快速发展的行业，一线执行者的角色，会带来大量的市场信息和最前沿的技术更新，会为下一步聚焦提供非常好的依据。即便对于投资可能的预期收益的上限来说，这种形式并不具有很强的吸引力，但是也是产业布局中不可缺少的一环。

7. 培训及教育

我们可以看到，在虚拟体验领域，无论从设备的研发制造方面，还是商业的运营管理方面，都有可以直接从现有互联网及商业环境中移植的部分，而不能直接移植的就是基于一个信息平台的技术开发人员。这次信息平台形式和互动形式的变革的彻底，使得产品前端没有任何可以进行过往内容的迁移，甚至连服务的后台系统都要重新构建。那么对于虚拟体验平台各个开发环境的开发人员的培训和转化就成为强烈的需求。培训和教育并不仅限于线下的培训模式，无论是学习及开发交流的网络社区论坛，还是通过网络及虚拟体验技术进行的远程培训，都是非常好的形式。除了培训行业本身的商业上的价值之外，培训本身对于行业从业人员的把控和跟踪也对虚拟体验行业的切入产生了重大的影响。作为为行业供给人才的机构，培训一定可以在整个行业快速发展的过程中得到巨大的发展机会。

上述每种思路都是针对现有互联网中已经存在的公司或专业能力。这些已经存在的公司和人员，具有快速切入虚拟体验应用落地的基础和优势。在这里并没有提到游戏，因为对于游戏来说，其本身就是一种体验消费产品，虚拟化的趋势是其必然要快速集成的一种表现形式，而并非因为虚拟体验趋势才出现的应用，所以并未列及于此。

从投资的角度来看，最好的投资一定青睐从战略位置到资本回报都非常好的项目，但是我们可以看到，每个产业也好，每个趋势也好，都有自然的发展过程。既然虚拟体验产业可以看作是一个计算平台，那么它至少会有 10 年的完整生命周期，并在这 10 年中逐步发展和进化，也许这个平台上最重要的应用和公司形式现在还都没有出现。而资本从参与的角度，一定要在最初期进入，只有这样才可以得到最好的收益，也防止在全面发展后，没有办法跟进。但是要知道的是并不是抢得最早、最快的就是好的，也不是变现得最快的就是最好的。高质量的项目需要数年甚至数十年的发展和积累。太过急功近利的投资和运作，必然会损害行业。并不是每个趋势都适合快速的资本进入并进行快速地扩张，每个行业对于能发展的程度和可以容纳的公司数量都是不一样的。被资本快速炒热而没有来得及进行后续发展，就快速冷却的案例比比皆是，这样不仅破坏了行业的自然发展，也破坏了资本的有益循环。比如团购的风潮，几百家团购公司纷纷成立，融资、运营、抢占市场、上市、并购，直到现在剩下的公司寥寥无几；O2O 也一样经历过大起大落。从百花齐放的多种类型服务到免费模式，竟然有些人靠着扫码的形式成为某公司的新会员，因为这样可以不用花钱就能完成一整天，甚至一周的生活。一直到现在，还有很多细分的服务，像洗车 O2O 一样快速的消失。很多智能硬件的团队，本身可以慢慢地发展成很好的产品及服务，但是在资本的驱动下，需要以高速的收益增长和占领市场为目的，或者是以低价占领市场之后获得品牌运营能力和生态资源为目标。殊不知并不是每个产品和应用场景都可以获得辐射整个生态系统和用户习惯的能力。但是为了符合资本对于其未来 3 ~ 5 年的快速发展的需求，很多不同类型的创业团队，不仅需要在产品研发上做出独特价值及卖点，还要在市场拼杀中抢占战略位置。我们看到的很多结果并不如其商业计划或发布会展现的那样美好，而是在现实中的设计、生产、制造、供应链、营销等诸多环节拼杀。而热点转变快速的互联网，把消费者的注意力快速地从一个热点转向另一个热点，对于单一产品来说，最初的热络状态很难维持，对于未来的美好规划也并不容易实现。

虚拟体验的投资价值，不仅是因为其新鲜热度，而是因为虚拟体验将彻底地改变信息内容呈现互动的方式，也就是我们认识的方式。虚拟体验并不是简单地通过互联网的快速和便捷将之前低效的业务优化和对接，所以它也并不会像团购公司或很多 O2O 公司那样随着趋势被淘汰，或随着无序的市场竞争而衰落。对于虚拟体验行业的参与者来说，其全部精力应该集中在这个新的平台是如何创造出全新的体验和价值的，并不是过早地进入相互的市场竞争，因为更多的价值存在于亟待探索的新领域中。即便是相互竞争，也会是基于创新的相互赶超。因为在开始阶段，不以提升价值为目标，而以现存对手为目标进行市场争夺的项目，会很容易被专注于价值创新的团队超越。新的价值会完全超越现有竞争所处的层面。而当现在把精力放在相互抢夺市场上的团队发现其在理解和创造层面落后时，就已经很难再去重新赶超在价值创新上专注的团队了。从一个比较长的周期来看，这是必然的趋势，在短期的发展及竞争中，也需要对竞争有着充分的重视，才可以为自己赢得长线发展的机会。

3.5 内容产生阶段的腊雪寒梅

在虚拟体验这场大戏中，最受人瞩目的，除了资本市场投资的天文数字、硬件发展的日新月异之外，应用场景的内容，尤其是最为优质、现象级的内容，才是真正吸引消费者前往体验平台的大变革中的东西。如果不能有效地建立内容生态和体系，硬件市场的繁荣只能保持一个很短的过程。只有应用，尤其是每天可以被用户不断消耗的内容的持续产出，才能让虚拟体验变成用户固定的使用习惯。

在逐渐快速热络的虚拟体验行业中，看似各个层面都在全面发展，而笔者以自己丰富的从业经验来看，令人担忧的一点是现在的内容产出能力给整个平台的推广带来的瓶颈。消费者不会为了平台而接受平台，一定是通过强有力的内容来趋势更多的消费者有兴趣投入并尝试新的平台带来的与众不同的体验。现在这个时间段，消费者对内容产生了非常强烈的需求，但是因为内容开发一方面受制于人才瓶颈的制约，另一方面又因为是下游行业，在资本趋势创业者选择的原因下，并不是最优的创业选择，所以，在一个变动的平台环境下，很难形成非常专业的流程化的内容制作处理的流程和团队。因为种种原因，现在已经全面铺开媒体宣传、商业发布、资本驱动的虚拟体验行业，非常缺乏高质量的内容，缺乏最为优秀的内容制作人才来参与到虚拟体验的内容制作当中。

待到山花烂漫时，它在丛中笑。

我们可以看到，在资本支撑的产业瓜分中，内容制作商的角色其实并不是最有吸引力的位置，但是也就是这种定位，使得很多自主来进行垂直内容开发的团队，获得了更大的发展空间和自由度。基于这些团队现有的内容制作能力进行的虚拟体验的技术升级，就可以把这些垂直内容团队快速地转型，使其进入虚拟体验领域。现在各个内容制作团队开始朝着越来越强的自媒体特征发展，内容团队也获得了更加直接的市场和品牌能力。那么如何让自媒体快速获得虚拟体验的实现能力，或让虚拟体验的内容制作团队获得自媒体内容的运营能力，就成为现在内容领域重要的命题。

从业人员的数量，也是可以随着发展的逐渐促进而变化的。产业的价值逐步传导，随着行业和应用而倍受关注，市场快速发展，获得更多的商业价值和投资支持，可以快速提升内容制作的费用及从业人员的待遇。当执行人员可以获得远远高于现有内容工作更高的收入时，会有很多具有相关专业素质和技能的高水平人才从互联网、游戏、影视后期、设计等现有行业迁移到虚拟体验行业。这时才能真正解决高质量内容的产出，有组织地进行内容及应用的生产和开发。相信在这个领域一定也会产生很多伟大的公司。

在内容制作领域，欧美的发展要领先国内至少 1 年的时间。无论是产出作品的质量，还是加入的制作人员的水平，还是各个内容平台、技术平台的支持和激励，都更有系统，并已经通过运作生产出了一些质量较高的应用。而且多元化人员的加入，给发展带来了很好的帮助，影视后期、视频制作、交互体验等行业背景的从业人员在内容创作中共同贡献自己的能力，会生产出前所未有的有趣的体验内容。

第四章

基于虚拟体验的商业大戏

04

在我们第一次听说“VR”这个概念之后会突然发现，关于 VR 的内容越来越多地在各类媒体上出现。这并不是单纯的因为之前忽略掉了它的存在，而确实是因为与 VR 相关的信息都开始随着产业的发展和投资进入了指数式的增长。

最令人兴奋的是，虚拟体验行业不是简单的硬件制造或互联网应用的商业运营，虚拟体验是一个可以把我们现在的信息科技及互联网行业的各项能力一起调动的趋势。具备的各种能力和素质的不同类型的团队都会在虚拟体验产业中找到适合自己的价值和位置。现实中的发展趋势也可以印证这种判断，创业公司的数量和种类如雨后春笋般爆发出来，资本的支持把可行变成了可能，又一波激动人心的浪潮眼看就要到来。从这个产业参与团队的多样化、应用的种类和内容的丰富来看，即便是照搬现有的互联网应用，也可以获得数不胜数的市场机会。于此同时，资本作为一贯的趋势引领者，也表现出了非常积极的态度，已经出现了不少定向于 VR 的专项基金，参与的机构也不仅限于天使投资和风险投资，私募股权，甚至是券商资本都在尝试参与到这个一波爆发的趋势中来。

现在从团队，到应用的创意，到技术的支持，到资本的进入，已经整装待发，即将展开一场商业大戏。这场大戏必将精彩纷呈、百转千回，我们也将见证信息科技产业历史上再一次奇迹式的发展。即便过去多年，我们也可以回忆起第一次看见计算机屏幕上闪烁的光标提示符、第一次使用移动电话进行通话、第一次在计算机上敲入一串英文字母打开一个网站、第一次使用iPhone触摸屏幕时产生的那种触感，这些瞬间每个人都曾经历过，都是新型产业进入商业化的第一步。而每个人也会很快迎来虚拟体验的第一步。笔者第一次使用虚拟体验设备还是在多年前的学生时期，当时的设备并不像现在的商业化产品这般易用和有趣。当笔者在 2015 年年底第一次使用 VR 眼镜连接手机，开始真正的商用虚拟体验时，并没有惊叫与激动，而是平静而喜悦的感到，这个最早停留在科幻小说与电影中的虚拟世界终于要到来了。

没有任何一种产品可以逃过商业的检验，而虚拟体验的诸多层次，以至于没有一家公司可以从头至尾地完成。整合行业必然是构架在商业合作及协作的基础上的。而从技术，到硬件，到平台，到应用，到内容，再到商业运作的生态体系，是整个协作的关键，这个流程所需要整合的参与者太多，也太复杂，以致没有任何一家公司可以像苹果在其移动设备上运营 App Store 那样主导运营整个虚拟体验体系。虚拟体验产业必然是一个合作的体系，同时经过了各种发展之后，也一定会出现基于虚拟体验产业的伟大公司出现，在未来可以比肩甚至超越 Google、苹果、Facebook 这样的企业。

虚拟体验看似来势汹汹，以新的信息平台为定位，貌似要取代现有的智能手机。不过，无论从产业运营能力还是市场覆盖程度来说，最有优势进入虚拟体验设备及生态的也只是智能手机厂商。三星与 Oculus 合作发布的 Gear VR，在一段时间之内，几乎成为最容易获取的 VR 系统，在发挥了三星手机强大的计算性能的同时，也降低了 VR 设备的获取成本。当然对于三星和 Oculus 而言，合作绝对不只第一个产品，而是在技术、市场、应用渠道、品牌认知方面上的共享。这种合作对于行业生态的快速建设成型起着非常强的推动作用，同时也为现有智能手机及虚拟体验技术厂商展示了合作的范例。这种合作的意义远远大于通过 VR 应用拉升三星手机销量这个简单的出发点。融合的两方分别代表了现有用户和未来趋势，两者相加即等于未来的用户市场。这种融合为两个行业未来的相互关系定下了一个非常合适的模式，既避免了现有市场占有者对未来趋势的压制，又为新的趋势提供了直接的落地渠道。在每次趋势变革不能跟上的市场占有者时，也会很快被市场淘汰。如没有跟上智能手机趋势的前手机行业霸主诺基亚，一定后悔没有第一时间快速地跟进当时地变化趋势。每次新的趋势，都需要新的团队和运作。只有从人员、组织构架、管理方式和企业文化上全面地跟随新的趋势，才能真正地创造出新的价值。新的团队、新的行业、新的概念、新的价值，我们激动地期待着这一轮新的趋势带来的难以预料和猜想的未来。

商业大戏不同于产业分层那样逻辑严谨，环环相扣。商业更加聚焦在新的概念、新的卖点、吸引人注意的创意和惊人的商业利益上。从消费者的角度看来，并无法看到整个行业运行的各个环节的全貌，而一定会清晰地被商业运作所带动。任何一个行业无论是创业，还是合作与投资的运作，都会最终落到商业上来，虚拟体验也不例外。我们抛开所有的技术和发展战略，就是单纯地商业运作，也已经精彩纷呈、激动人心。更好的商业运作，又能吸引更多的团队和人才、更多的资本和现有的市场资源。所以，商业的大戏是最令人期待的不能错过的精彩内容。下面就让我们尝试的在这即将启动的时候，基于我们过往产业的经历和经验，对新的商业进行一次全面的预言。相信在不久的将来，本章节所讲的所有的商业都会被快速地变成现实并超越，一骑绝尘地将我们的预言抛在后面，那将是不可错过的精彩。

4.1 不断出新的硬件产品

硬件产品作为整个虚拟体验实现的介质和先决条件，有着无法替代的平台价值，可以说在普及初期，紧紧地卡住了产业的咽喉。这可以解释为什么在这一轮的虚拟体验的趋势中，消费者硬件成了投资及市场推广的先行军。我们需要系统化地思考到底什么样的核心要素是硬件产品的重要素质，会在未来的竞争和发展中起到重要的作用。初期阶段的硬件产品，更加注重对产品必要属性的实现，面临着一系列产品和运营层面上的设想，需要通过技术上的各种方法来解决。只有当现有产品成功地解决了一系列重要问题之后，我们才有机会开始真正的商业化竞争。伴随着不断地竞争也才会有推陈出新的硬件产品，和基于硬件平台的商业大戏。

在 VR 初代产品逐渐面世的今天，我们看到从概念到实现的可能性，所有未来的变化，都是基于不断更新的硬件平台和产品。未来固然有众多变化，而就现在而言，硬件设备有一些初期的制约因素需要解决，否则就没有办法完美地实现消费产品化，那么整个虚拟产业的发展速度将会受到严重的影响。这些初期的制约因素中最重要的是如何来解决眩晕感及视觉光学与眼睛匹配。这两个问题直接影响了用户在使用的时候是否能够清晰良好地接收视觉信息，如果不能解决，那么用户体验连最基础的信息获取都没有办法做到。

4.1.1 眩晕感

首先让我们来了解一下眩晕感。我们睁开眼睛即可看到现实的世界，不会有任何的迟滞和偏移，看到的视野会随着我们转动头部与眼球而改变，这是不存在任何延迟的。而在虚拟体验中，视觉获得的一部分或者全部的图像，都是来自于计算机生成的图像信号，对人任何姿势动作进行的反馈，需要在非常短的时间内改变画面的内容。就像我们在第二章中介绍的那样，人通过耳蜗内的平衡系统感知自己相对于重力的角度与位置，而视觉同时也对我们所处的世界有准确的方向感知。如果这两者感知到的信息存在差异，就会产生空间的错位感，这种错感有可能来自于我们所处的小空间正处在加速或减速运动的过程中，这样我们在除了重力之外会感受到另外一个力在拉扯我们。如果因为视觉信号延迟，对平衡感产生了一个延迟的感受，那么会造成一个一直或隐或现的无差拉力的感觉，这种感觉随着每次视野变化的开始和结束都会出现。身体为了保持平衡，就会主动地去应对这个其实不存在的无差力。但是于事无补，因为这个力并不存在，剩下的反而是我们自己的意识、神经和身体在每次这个无差力出现的时候，都紧张地进行抵抗。每次抵抗的结果就是我们自己给自己制造了紧张感和移动感，不断积累的神经和肢体对平衡控制的紊乱，就会造成晕眩感。这种晕眩感可以在运行的交通工具上体会到，即便是在运行平稳的汽车、火车和飞机上，有些人也会受到晕眩的困扰。虽然乘坐交通工具带来的晕眩并不是因为视觉和平衡感的差异，但是身体的不适反应和感受是很相近的。连续微小的平衡失准，身体在尝试修正时，发现失衡又再一次改变或者已经消失，不断反复这个过程后，人的平衡系统会因为无法校准或太频繁的触发，而引起平衡系统过载，最终结果就是晕眩感。乘坐交通工具带来的失准，是因为交通工具在运动过程中连续的不规则的小幅度的平衡改变过载了人的平衡系统，而 VR 是因为视觉画面现实延迟而造成的不平衡错觉，不断的“狼来了”而造成的平衡系统的过载。

为了解决 VR 的眩晕感，也就是校正现实延迟的感觉，相关项目的团队做了很多努力。从整个反馈流程中逐步进行优化。

整个反应流程包括：① 通过 VR 佩戴设备的内置位置、角度及重力感应设备获得头部姿态改变的信号；② 将信号传输到计算机处理程序中；③ 程序根据改变的姿态，重新计算生成新的现实的图像；④ 回传到 VR 设备中；⑤ 通过现实组件进行显示。现在人可以接受的显示刷新率是 50 ~ 60 赫兹，以 50 赫兹为例，就相当于每秒更新显示内容 50 次，也就是 50 帧（每一个图片我们称作一帧），相对应每次更新的时间差距就是 1/50 秒，即 20 毫秒。而人的连续视觉的底线是不低于每秒 24 帧。我们为了方便计算，选取每秒 25 帧作为标准。两帧之间的时间间隔是 40 毫秒。我们希望减少延迟的感觉，希望在发生动作后的 40 毫秒内发生的下一次内容更新显示出来。通过计算我们可以知道，在任何一个时刻未来的 40 秒内至少会有两次图像更新的机会，无论发生在动作发生后的第 1 毫秒与 21 毫秒还是发生在第 19 毫秒与 39 毫秒。那么我们无法保证在第一次出现图像更新之前完成对于动作信号的反应，并处理生成新的图像。而只要我们的处理时间小于第一帧和第二帧的间隔 20 毫秒，就一定能保证在第二帧显示出动作所产生的图像变化。只要能保证在 40 毫秒中的第二帧显实出对应的变化，那么从动作到图像反馈所花的时间就一定会小于 40 毫秒。用户在下一次可以识别的图像变化的时候，已经接收到了视觉信号的变化，可以看作是最及时的图像反馈，将延迟降低到了人连续视觉无法感觉到的地步。

市场上有很多设备商生开始声称自己的设备运用了更加先进的视频显示和位置采集技术，可以将显示延迟降低到 19 毫秒，甚至是 18 毫秒。如果可以稳定地运行在这个指标之下，肯定会获得很好的用户体验。还需要考虑的问题是，第三个过程，即重新计算图像的这个过程，有可能耗费的时间是有变化的。因为虚拟现实是建立在空间的感知内渲染图像的结果，那么每一帧的渲染所需的时间和计算力是不尽相同的，比如动态很大或者需要重新构建空间结构，那么所需时间也许会增加。这种情况也会在一瞬间增加每帧的运算耗时，那么就拉大了图像更新延迟时间，也就容易造成晕眩。这种情况的出现对于使用体验也是破坏性，当我们头部不动时，延迟可以保持在 20 毫秒以内，但是一旦我们有大幅度的动作或内容变化时，延迟迅速增高，晕眩感快速增大。这种体验就会让人不敢乱动，否则时隐时现的晕眩感会让使用者非常难受。解决这个问题的方式需要芯片、系统、硬件、算法和应用一起进行优化，保证各种使用场景下，延迟不高于 20 毫秒。否则对于流畅的使用体验是难以保证的，而且过早以低延迟为宣传卖点的产品，一旦在使用过程中出现晕眩，也会让用户对于低延迟技术产生质疑和不信任，是得不偿失的做法。

除了显示效果带来的晕眩感，还有一个基于基础人机工程学和头部运动能力的点容易忽略，即佩戴头盔后头部重心改变所带来的影响。在运动过程中，尤其是快速的姿势变化中，头部受不均匀的牵扯力造成的晕眩。现在很多头戴设备，都在面部的正面设置了显示屏等设备，后部只有用来固定的头带。这样的佩戴方式只能造成头部重心前移，导致我们颈部在运动的过程中，并不能按照我们既有的下意识的发力方式进行活动，也会导致我们使用起来有别扭和难以适应的感觉。久而久之，颈部后部的肌肉会过于紧张，而在智能手机普及后，用户低头看手机的时间大大增加，本身颈部后侧的肌肉就相对薄弱，突然因为头盔及旋转造成的颈部肢体负担，会引起不适及晕眩。除整体重心的变化之外，还有一个更加不起眼的因素，就是设备连接线。设备连接线本身有一定重量，并会在一个固定反向上持续产生一个拉扯的力，即便再小，也会影响我们的平衡感觉。虽然可以通过 VR 眼镜内容及处理内置的放置来避免，但是也希望在未来产品中通过 Wi-Fi 或蓝牙等近场通信技术，想办法解决在快速响应的需求下，无线传输的需求。

没有眩晕感和中心偏移的体验，才是重度使用的基础，也是真的可以让用户觉得自由自在地在虚拟世界中畅游的基础，任何硬件制造厂家都不能忽视。第一家完善地实现移动随身化，且运行流畅的头戴视觉设备的厂家，一定会在普及高质量硬件设备的过程中收获巨大的市场及商业价值。

4.1.2 视觉光学匹配

了解了晕眩感这个阻碍之后，我们来看看另一个会造成严重不适的问题，即视觉光学匹配。从一个简单的示意图中，我们可以看出，现阶段的 VR 眼镜和头盔，是以凸透镜在焦距内成正像的方式，将眼前尺寸有限且距离过近的屏幕内容，放到整个视野范围。通过双目的视觉差内容，让用户在注视一个对象时，以正常的空间聚焦的方式来观看，并视觉焦点距离并不聚集在屏幕的距离上。也是因为左右眼视觉差异信号，才可以实现这种对于双眼的欺骗。两眼通过视觉差，来校正聚焦的远近，当眼睛在合适的位置聚焦时，对象在人脑中呈现最清晰的重合的影像，也就有了距离的判断。如果视觉内容一样，大脑会判断其在无限远的位置。那么既然对于虚拟空间的距离描绘如此看重人眼聚焦及视觉差，那么每个人不同的屈光度及不同的聚焦能力，就会对空间效果的表现带来非常重要的影响。不同的近视、远视、散光、老视都需要不同程度的精细校验和适配。如果要成为一个全民都能使用的应用设备，在光学校正这个点上，还需要大量精细的工作。现在的 VR 眼镜，都是以视力正常的人为目标进行设计的，包括对框架眼镜、隐形眼镜，甚至美瞳的兼容性，都还没有充分地进行挖掘和考虑。精细的校准，需要的是可以精细调节的设备和制造能力，这个需求又和成本产生了直接的关联。到底在产品上如何实现，也是个重要的问题。如果不能准确清晰的将图像传递到用户的视觉系统内，后续的各种创意概念和运营计划也都无法实现。

除了 VR 眼镜之外，还有 AR 与 MR，实际上都是在现有景观上的信息化增强的技术。两者的差异在于，AR 技术的信息附着方式比较传统，例如投影在景物上，或通过手机屏幕、头戴眼镜的屏幕进行景观叠加；MR 则是利用其宣称的“视网膜投影技术”直接将所需要呈现的内容投影到用户的视网膜中的有效区域，MR 产品还没有完全面世，所以也无法直接体验。AR 显示的问题主要集中在如何将增强的内容叠加在可透视的镜片中，及其视觉聚焦效果，对于使用者来说还是会因为聚焦问题在屈光度及焦距调节上遇到同样的问题。而 MR 据其使用概念的理解，需要通过一个头戴式设备，将精准的光束投射在视网膜，而整个过程其实需要穿过多层眼镜的光学组织，而显示的空间更加精细和狭窄，相信遇到的问题会更多，我们只能等待更多的技术信息公开后，再做研究。

4.1.3 核心要素分析

在硬件产品解决了这两个重要影响因素后，才可以正式地加入对虚拟体验产业的竞争中来。硬件核心的能力要素作为整合产品的基础，我们需要对它重点关注，如果没有硬件核心的实施落地能力，再好的产品设计和市场运营都是不可能实现的。基于虚拟产品的特点，所需要重点关注的硬件要素有以下几个要点。

1. 硬件产品的感知能力、显示能力和反馈能力

首先来看看虚拟体验产品所需的感知能力。包括两部分，感知使用者自身动作的感知力及环境感知力。

动作感知能力通过各类传感器，对人的头部、方向、身体肢体动作、手部的操作进行收集，作为我们操纵虚拟体验世界的输入信息。尤其对于头部的位置及角度的感知，完全影响视觉现实效果的呈现。需要非常高的识别分辨率，才能对人最小的动作进行详细感知。与此同时，更高的分辨率，也意味着更多的干扰和噪音，以及更多的计算量，这对处理器的计算力、算法及调试又提出了更高的要求。头部主要使用了重力感应器、惯性感应器和陀螺仪等感受装置，同时配以计算模块对应的处理程序，才能非常准确、快速地反映头部的运动状况。其他的肢体感受器包括身体姿势的体感感受器、关节的屈伸感受器、手持的按键控制器或各类仿真控制器等。并不是所有应用都需要这么多的感受器，需要针对使用场景来确定。有了对于使用者动作的传感器，就可以在全封闭的 VR 体验中进行内容和动作的交互。

对于环境的感知力是更进一步的能力，这个能力要求设备具备对人所面对的环

境进行感知、分辨和处理分析，最终做出应对。对环境的感知主要包括空间感知、空间内的物体的感知和判断。对于环境的感知主要应用在 AR 及 MR 的产品中。在连续动作的过程中，设备需要不断地进行视频信号的采集，及超声红外等辅助信号的收集。同时在处理器进行图像识别时，完成在程序中的现实场景 3D 重构，再由 3D 实境进行环境识别。在识别了环境后，需要对展示内容在 3D 环境中进行建模与仿真，最后将要显示的对象进行图形化渲染，并通过显示设备呈现在使用者的视觉范围内。现在对于整个过程的数据处理能力的需求是非常强的，并不能只像现在 VR 一样运行在智能手机上。而随着未来的计算技术和计算算法的发展，这些性能需求一定会被逐渐满足的。

在关注完感知能力后，我们来了解一下现实能力。整合虚拟体验在现阶段并不能实现对于神经的直接信号传递，那么图像信号作为最主要的信息来源一定还是通过眼睛来进行获取。对于一个拟真体验来讲，最重要的就是“看起来真”。希望能获得和肉眼直接观察同样的效果。对于 VR 来说，完成视觉信号传达的主要部件是一套透镜系统和一个高分辨率的屏幕；对于 AR 来说，虽然有很多可行的技术可以用，但是还需要深度开发的技术，在这里不再详述。

对于 VR 来说，透镜系统负责的是视野改变及平面图像的全景化。透镜本身并不复杂，而对于各种非完美视力的使用者的兼容能力才是透镜系统需要解决的问题。现在的 VR 设备的调节能力和范围都不大，而且要手动调试，希望以后的优秀产品可以做到根据屈光度自动调试，更好地保证使用者的优质体验。

对于显示屏幕来说，现有的手机屏幕已经超过 300P 英寸（Pixel per Inch，每英寸屏幕包含的像素数），超过了人眼的分辨极限。但是同样是高分辨屏幕，在通过透镜系统之后，其显示分辨率会因为尺度的拉大而显得粗糙。这样就需要在小面积内集成更高的分辨率，这也是对显示屏幕厂家的一个机会和挑战。如果在 VR 设备上能实现同样超过人眼分辨能力的现实效果，那么必然会带来一波新的消费潮流。

在现在的 VR 眼镜设备上，视角转换是由头部动作来决定的，而眼睛只负责远近的聚焦。实际上我们的眼球的转动和聚焦，可以在头部不旋转的情况下，改变视觉范围及聚焦点。现在的虚拟现实眼镜并没有实现这一点，这也可以解释为何现有的 VR 眼镜用久后，我们觉得两眼僵直。因为视野转移并不能靠眼睛的旋转来控制。通过 VR 眼镜在观察视觉边缘部分时会产生小小的色彩分离，分离成为红绿蓝三种屏幕基础颜色，并且双眼聚焦的效果也不好，容易造成眼睛的疲劳。如果能加上对于眼睛动作的识别与图像的配合，将会是最为真实的现实视觉模拟。

反馈能力指的是除了显示在视觉屏幕上的内容之外，其他的各种感知形式的反馈，如声响、震动、热量、气味、触觉，还包括赛车或飞机驾驶模拟器实现的重力反馈的模拟。这些反馈能力，在初期主要以视觉反馈为主，其他反馈方法并不是最重要的部分。随着时间的推移，这些丰富的反馈会逐步地体现在产品中，并成为不可或缺的产品功能。

2. 产品实现方案及技术门槛

产品实现的方案指的是通过硬件整合及操作系统软件嵌入后通过测试所形成的可以进行生产的技术方案。VR 的技术及解决方案不存在核心的机密技术，都是将现存的不同层次的通用技术进行整合、调试和开发，并通过操作系统进行整体的管理的调配。对于通用的技术形成的方案，关注的重点就变成了生产的难度、可靠性、价格及拓展性等的考虑。尤其在 Android 系统发布了专门的 VR 优化版本后，相信会迅速出现成熟的技术方案供给产品硬件团队使用。基于解决方案，团队可以深入地优化其中一个或几个技术指标及功能。而对于更为通用的技术方案，更多的是采取整合现有方案的方式，会更为有效。

对于技术门槛来说，分两种情况，一种是准入门槛，另一种是竞争力门槛。准入门槛指的是对于参与硬件产品开发的及出品的团队需要具备一定自主技术研发的能力，即便有现成的技术解决方案，也需要有一定的技术能力才能让产品顺利落地；竞争力门槛指的是通过核心技术能力形成绝对竞争力的技术水准。想达到这种形成竞争力的水准，需要花费巨大精力和财力来进行研发，才能不断保持。这种竞争力包括在短时间内的性能优势、各类算法优化带来的处理速度和处理能力的提升，以及独特技术形成的独到功能。可以在一段时间内形成非常有效的市场竞争力。

3. 技术生态系统构建能力

VR 及 AR 的硬件所提供只是一个运行内容和应用的硬件平台，还需要大量后续的开发工作的开展，才能保证有效的持续使用和运营能力。技术生态系统的构建主要分成两个策略——封闭和开放。封闭的技术生态系统会提供独立的开发环境的配置及 SDK，通过强大的硬件市场占有能力，普及其自身封闭的技术体系。这种策略适合市场占有量高，且对应用把控力强的硬件产品厂商采用。更加针对性的技术体系也有助于产出高质量的应用及内容。另外一种策略就是采用更加开放的技术体系，比如从系统到应用开发体系都遵从 Google 及 Google Play 的体系，可以兼容更多的应用，更容易吸引有相关经验的开发者，并依然可以建立自己产品的应用分发渠道。更加适合对市场运用有着更多关注的硬件产品的生产者。通过更开放的技术方案，可以减少自己在系统及生态上的研发投入，并减少设备间的内容壁垒，大大减少了内容运营的难度。

4. 设备互联协作能力

单独的视频显示设备是不足以完成完整的虚拟现实体验，需要各类其他的感知和操纵系统，来完成统一的在虚拟体验中的感知、反馈及互动。设备之间的互联依靠各类近场通讯技术及端口进行互动，同时也可以通过云平台的方式来进行信息的传递。技术上已经不是主要问题，而如何进行技术体系的整合，可以更开放地进行产品场景的拓展，包括与智能电器设备的连接，都会变为每个设备微生态发展的重要因素。在市场拓展中，以设备互联及特色附件为卖点也可以达到出其不意的效果。

不同的技术因素特点的整合，成就了每个硬件产品厂商的特点和基因，也对其后续产品的运营方式和策略打下了基调。硬件技术除了作为必要要素之外，一定需要在某个技术点上有足够的特长，才能在持续的硬件市场竞争中获得优势。在经历了项目成立过程中的不断尝试，并最终完成了一个可以市场化产品的技术团队，立刻会面对的问题就是：① 如何保持技术研发持续深入；② 如何通过技术建立竞争壁垒。在这里笔者就不进行深入剖析了，每个在硬件领域进行尝试的团队一定能找到适合自己持续发展的道路。

在搞清了硬件核心要素之后，我们其次要关注的就是团队的产品能力。优秀的产品能力可以创造出市场需要的产品，并能将技术转化为运营的价值，将产品收益从单纯的硬件收益转化为产品整合价值收益。那么产品的核心要素包括以下几点。

1. 形成合理的使用场景和使用体验

硬件领域中，制造商普遍希望以更加通用的功能满足最多的用户群体。从市场运营角度上看，希望除了技术指标以外的很有特点的核心需求推动的产品功能特点。基于以往的产品发展过程，我们可以看到，不需要很长的时间，通用性产品的生产厂家就会大量出现，产品的竞争就会进入性能指标的对比和价格的绞杀。我们经常听到硬件指标从 1 千兆赫兹到 1.2 千兆赫兹，再到 1.5 千兆赫兹，从单核到双核，到四核，再到八核，单纯的线性增加的指标其实并不能让消费者理解，也无法单靠这个性能指标就对市场形成绝对的占有。在进入指标的争夺后，必然会出现一个具有引领性的突破性的产品，如苹果 iPhone 之于智能手机，同时处在垂直场景领域，但也会有能精准满足需求或针对精准受众的品牌，从而获得很好的市场。

2. 不断提升的核心指标

对于信息领域内的产品和技术的创新永远是核心的驱动，在技术基础相同时，创新的设计理念也会带来强大的驱动力。不断通过核心指标、核心技术的提升就可以获得性能越来越优越的新型产品，当核心指标的提升积累到一定程度后，还可以发生量变到质变的跃迁，形成全新的产品。

3. 通过扬长避短充分发挥技术团队的能力特长

在互联网这个技术高聚集的行业里，技术人员与核心技术专利永远是任何业务的基础。但是商业发展并不是技术的华山论剑，单纯比拼技术的竞赛并不能使产品得到更好的进化和市场的拓展。每一个参与到技术发展的产品团队，需要把如何更加有效地利用自己团队的技术能力，当成非常重要的课题。将技术研发能力和人力集中在可以带动有效竞争的方向，一定是很多技术团队在竞争中得以生存的重要抉择。技术本身的发展和迭代速度会远远慢于产品更新的速度，那么单纯的对技术的比拼一定会落后于产品市场的发展。在百家争鸣的发展过程中，一定要突出团队的技术特点，如快速的开发投产能力、优秀的人机交互使用体验、优秀的外观设计、精准的技术指标等，如果能找准市场敏感的方向，配合市场运作来突出特长能力，一定可以获得超额的回报。

4. 通过产品卖点带动市场及生态的发展

现在的产品制造，早已和市场品牌运营及生态培育整合在一起，在产品的制造上，也需要充分贯穿各个阶段的执行目标。作为整个商业链条的起点，产品的设计和整合的过程，需要完成市场运营及生态建设的重要任务布局。只有有特点及重要卖点的产品，才可以聚集有特征的用户，建立高价值的生态系统。

4.1.4 硬件的商业大戏与商业大战

经历了硬件产品开发、测试和生产过程中的各种磨难之后，在商业市场中相遇的硬件产品，必然会有一场市场的拼杀，结果可能是胜者王侯败者寇，也可能是一场共赢的大戏。究竟如何发展，我们来依据上一章节的内容进行分析，看看到底是唱戏还是打仗，该如何唱，如何打。

与其他产业不同的是，虚拟体验行业是一个多层次、多形态的巨大体系，相对于之前的创业趋势中，与相对局限且层面单一的竞争环境不同。在虚拟体验产业发展初期，很难直接遇见在市场定位完全相同，且没有任何相互共鸣的对手。每个创业团队，包括大企业也是在不同层面有着不同的定位和商业计划。所以更多时候，我们看到已经出现的产品和品牌，不约而同地都选择了合作与共享的方式进行结合，一起搭台唱戏。一方面是市场的层次和空间足够大，没有必要在开始的时候就将精力和宝贵的时间机会成本消耗在同质竞争上；另一方面，也是因为市场太过广大，需要多维度多层面的配合，那么就需要有不同特征的核心能力和资源的合作伙伴，一起来搭建完成有效的商业布局。即便是你死我活的硬件领域，也并非刀剑林立的相互对立，而是以惊人的速度达成了各种合作。例如，三星与 Oculus 的联合，HTC 与 Valve 的联合，参与的各方都是硬件厂家，迅速地通过相互配合地方式走到了一起，颇有一种我来搭台你唱戏的感觉。从市场反馈上，三星与 Oculus 也获得了不错的反响。两者合作的 Gear VR 虽然不是最完美的 VR 产品，但是通过其合理的价格和易完成的组合，快速地将最为基础的 VR 体验呈现在消费者面前。三星的硬件存量和品牌基础为 Oculus 的内容服务体系进行市场拓展提供了极大的帮助，同时 Gear VR 对于三星手机强制的绑定，一方面可能提升在高端机市场上的卖点，另一方面展示了三星高端手机强大的硬件性能，展示出了入门使用体验中最为优秀的效果。两者的合作所产生的先入为主的品牌优势，是非常有价值的。相信这种联合仅仅是第一步，双方基于这个基础，应该还会有后续相应的发展，哪怕双方各自从此分道扬镳，也会对双方各自的后续发展提供一个非常好的基础。

除了这种以渠道和技术来进行的结合，硬件层面还存在和各种相关层面进行整合的机会。硬件产品制造商本身的技术链条就很长，同时又需要应对不同环节的对接，由于无法保证每个环节都运作成功，所以最好的方式还是相互合作。资本及技术实力强劲的硬件产品，可以与各类顶级渠道或品牌合作；稍微弱小一点的创业团队，也可以在通过某个优质特性快速切入市场后，迅速地与现有的互联网公司合作，形成有效的产品市场及应用。

看完了相互合作的商业大戏之后，我们来看最为激动人心的硬件商业大战。硬件领域终归会有无数场大战，每一个产品形态在进行市场覆盖时，一旦技术和时机成熟，会迅速地涌现出众多的竞争对手。一个产品形态推向市场后，也许很快就会有新的产品形态推向市场，两个产品形态之间的博弈或相互融合，必将是一场商业大战。

每次战斗，无论是对外的市场竞争，还是内部的研发运营的拼搏，都是不间断的肉搏战。而一旦在市场中，可以稳定地占领一部分份额，使这部分消费者稳定地使用自己的硬件产品，那么这个硬件产品的角色立刻升级成为新的运营平台，在平台上进行内容和应用的分发，及后续的新的硬件产品的升级，就会快速地进入不断的市场更新和流程的扩大。优质和稳定的服务，也会让项目进入运营收益阶段。

消费者第一款硬件争夺之战。消费者的第一款虚拟体验硬件，永远会给用户带来先入为主的主导型，对用户后续的硬件消费升级、应用内容分发渠道的使用、内容发布的到达、品牌忠诚度的养成有着非常重要的影响。在很多产品领域，很多时候用户很难更改使用产品所属的阵营。在硬件增值之后的消费行为，都由初始的使用产品决定。因此，消费者的第一款虚拟体验硬件有着非常重要的价值。

核心性能争夺之战。在每一个产品的形态确定之后，都会有很长一个阶段，各个硬件厂商在性能指标上进行大量的投入与竞争。整个市场中的产品，除非具有决定性的产品特性和品牌影响力，否则都会主动或被动地卷入到这场性能指标之战中。对于虚拟现实产品，视觉效果是首先会被反复提升的核心指标。现在对于人的视野分辨率的大小有一些争议，从最小的 6000 像素 ×4000 像素，到最大的 24000 像素 ×24000 像素，我们姑且按最小的分辨率计算。如果要达到用肉眼无法识别真伪的水平，那么至少不能低于这个分辨率水平。这意味着需要超过我们现有平板电视的的清晰度水平，达到 6000 像素的水准，同时还需要集中在头戴式眼镜中进行显示，这对技术提出了很高的要求。同时计算图像信息体量，在不压缩的情况下，每只眼睛 2400 万像素，两只眼睛接近 5000 万像素的图像内容，每秒要超过 50 帧，以 24bit 色彩图像来计算，每秒大约需要传输 7.5Gbit 的图像数据！更不要说生成这些图像的渲染和计算能力。这种级别的计算力是现有个人计算暂时不能支持的。这种挑战同时也是硬件技术及零件提供商的市场机遇。过往的数年中，个人计算机的性能发展停步不前，现有的台式计算机及笔记本电脑的性能需求基本上提升的价值并不大，很难再产生对硬件性能非常强烈的需求。而虚拟体验产品对于高精度显示、强大计算能力的渴求及对新型体验的不断追求，可能将为这些零件生产厂商带来强大的需求。而只有在技术上准备好的企业，才能抓住这次的机遇；技术创新不能满足新型设备的厂家，将会很快被市场淘汰。

市场覆盖率及客群质量之战。在资本的探照灯下，结果的意义远远大于过程的价值。真正可以在市场被推进下一个盈利阶段的时候，能更好的生存的参与者一定是在市场覆盖率或者客群质量有着一席之地并拥有独特特征。一方面在更加通用的设备市场中，追求更多的用用户覆盖度，并在最快速发展的过程中，快速积累用户的绝对值。只有覆盖到足够多的用户数量，才可以通过渠道、媒体、广告等方式进行有规模的变现。而另一方面可以通过客群质量，尤其是在垂直领域客群的质量及忠诚度来进行市场的经营。比如在某项商用应用领域研发出了高质量的应用及定制化硬件，并被市场充分接受，那么一定会得到非常高的市场价值。

不断推出的独特价值之战。独特价值点，是蛋糕上必不可少的那颗樱桃。前面有介绍到，单纯的在性能指标上进行竞争，并不能获得绝对的市场占有率，并会因为竞争对手的进化，随时都有可能失去竞争优势的风险。那么就需要在产品的各个方面进行不断地创新和提升，形成复合的独特价值。

我们看到在虚拟体验的产品硬件领域一定会经历一个快速多变的发展阶段。硬件产品的不断进化与竞争一定也是整个虚拟体验大戏中首先上演的精彩片段。运营与应用都深深地植根在硬件的土壤上，充分利用各种硬件平台的资源。而虚拟体验产品的形式会比智能手机有着更加多样的变化和更快的发展，我们基于不同的硬件可以开发出不同的应用。而在不久的将来，虚拟体验的变化与发展一定发生在虚拟世界中，而硬件完成了演化的过程之后，会渐渐归于同类。这个演化的过程有着非常大的意义和价值，帮助整个行业一起探索了各种的可能性，进行了充分的拓展。未来最为可行的方案一定存在于将要发生的硬件产品的拓展中，让我们拭目以待，在千万种产品中寻找最为合适的终极形态。

4.2 虚拟体验行业内容与应用畅想

在上一节中我们详细地介绍了硬件厂商纷纷入场的角色和角度，在不同场景和角度中占领了自己的一块地盘，就如同大富翁电子游戏中初始的状况。下一步，所有的平台都亟待各类有趣的、有价值的、吸引人的内容。否则所有的硬件和渠道的发展和投入，就是一场落空的欢喜。下面让我们来看看繁花似锦的内容与应用领域。

基于上面的理解，我们知道虚拟体验可以帮助使用者提升获取信息的效率，可以通过其全新的体验效果给使用者带来超越现实的感受，同时因为全新的显示和互动的方法，还可以完成很多以前通过屏幕显示并不能完成的任务和体验。这些提升在不同层面促进了各种应用的发展，激发出了很多前所未见的应用方式。当我们把虚拟体验，尤其是 AR 和 MR 这种可以长期佩戴的设备，当作未来的信息计算平台的时候，就会发现像新闻这类应用必然会继续存在。

虚拟体验产品到底有什么功能？能看什么？怎么玩？所有这些都归纳到了应用场景中。现在，我们来一起了解一下，哪些应用和场景是虚拟体验独到的价值，如何沿着现有的发展状况去继续探索与思考；如何基于虚拟体验的环境来推演，结合并产生新的独特的应用场景。这些应用只有通过虚拟体验技术才能展示，而价值又高的应用场景，必然会变成驱动整个平台推广和普及的杀手级的应用与内容，也必然会享受巨大的价值回报。

无论是从虚拟体验带来体验变革的角度来看，还是计算平台上用户对于信息需求的角度来看，有太多的应用可以进行深入的讨论和探索。笔者把它们按照使用的体验目的进行分类，以方便讨论，相信这也不是唯一的分类方法，仅供大家参考。

内容可以看作是一个产品的灵魂，基于互联网，在硬件平台逐步成熟后，越来越开放的开发环境和商业通道，可以使全球各地的开发者展示他们各种各样的创意与才华。一个平台刚开始的时候，注定只有系统自带的少数应用。而随着设备的普及和易用性的提高，会有海量的应用和内容出现。而内容的繁荣程度正比于硬件设备的普及覆盖程度和容易程度。看看移动智能手机的应用市场中上百万个应用 Apps，我们就可以想象，在未来的虚拟体验世界中，也会出现很多应用和内容。智能手机的自然交互让很多不懂计算机，甚至连鼠标和键盘都不会使用的人可以轻松地使用互联网内容，帮助智能手机获得了比 PC 互联网更广大的市场覆盖，也成功地激发了数不清的平台上的应用与内容。

当基于本能动作的虚拟体验设备获得了更好、更自然、无需学习的互动能力和人机界面后，所能渗透的市场和使用场景应该是更加深入的。在AR与MR的使用过程中，真实世界与虚拟世界融合在一起，并不会像手机一样把现实世界和网络世界隔开，这也就意味着虚拟体验可以在人清醒的时候一直存在。这其中的应用和内容及其背后的服务体系有着巨大的发展空间。

因为虚拟体验的真实感觉，这些虚拟的数字内容变得和真实世界一样可以被感知和改变，让虚拟“世界”和真实世界融为一体，所以在虚拟世界创造一个东西，会比在真实世界中容易很多。人们可以以最低的成本创造更多的虚拟物品，而并不需要在真实的世界里大兴土木，这可以看作是我们对于真实世界的超脱。游戏中的虚拟道具早已经具有了不菲的价值，相信在虚拟体验应用中的“物体”真实到可以用我们自己的动作去丈量，其带来的心理认同感会远远超越传统网络游戏中物品栏中的虚拟宝物，而更加接近真实世界中，一个物体带给我们的心理感觉。虚拟的世界与内容，从未如此真实，从另外一种意义上来说，我们就是在创造一个新的世界。

现在的笔者和读者一样，都听到了脚下技术及硬件产品逐渐上升带来的隆隆声响，以现在狭隘和局限的视野来预测未来一定是管中窥豹。通过预言与猜想来进行有限的展望，即便如此也让人激动不已，而未来还无法望见的奇妙，则由时间慢慢为大家展开。对于内容与应用的设想分成以下三大部分。

1. 虚拟体验内容：通过让使用者感受一段虚拟的体验，来进行信息的传播。

2. 商业应用：通过利用虚拟体验带来的新的展示能力及酷炫的吸引力，来服务和支持现有各类的商业行为。

3. 垂直行业应用：通过虚拟体验特有的现实与互动能力，提升在特定行业里的信息现实及执行操作能力，提供特定场景下的价值。

4.2.1 虚拟体验内容

无论虚拟体验设备如何发展，在显示和操控的方面如何提升，关于内容的消费行为一定会贯穿始终，并会随着使用频度的增加呈现更加巨大的增长。内容类产品及服务，用户使用的门槛低、需求频繁、种类多样、呈现形式追求新奇有趣。纵观每一次信息平台和呈现形式发生变革的时间节点，专注于内容的创业者与机构总会获得巨大的发展空间和机遇。

电视作为最后一种单项互动的媒体，我们并不计算在内。从计算机开始，我们看到，从最早没有互联网，大家沟通信息还靠计算机杂志及随书光盘的时候，重要的媒体无论是报纸，还是杂志，甚至线下的计算机展会都成为了巨大的内容流转的媒体。网络巨头孙正义在初创事业的时候，也是从杂志及展会切入行业，把握住内容消费的轴心。一张一张的光盘作为内容的媒介不断地被传播。到互联网开始发展时，最先形成规模和巨大影响力的，就是门户网站及互联网信息的入口和门户，它们整合了各种类型的内容。从最早的 AOL，到雅虎，到国内的搜狐、新浪，无一例外都是作为新闻媒体和内容提供者的角色，乘着互联网发展的大潮，快速发展。时间在此推演，到了移动互联网的时代，网络不再依附于计算机，而成为个人随身物品的一部分时，我们看到像 What's App、微信这类个人的信息内容通信服务和微博、Facebook、Twitter、Instagram 等具有社交属性的内容平台快速发展壮大。

我们来看看在虚拟体验领域，哪些内容与服务可以成为独特的体验产品。

1. “传媒”

传媒行业早已受到了互联网带来的巨大冲击，并以互联网的方式重构，回归到社会信息的主要渠道。传媒行业中内容与信息的形式从电视机定时播出的新闻与访谈栏目，变成了实时推送的视频新闻；从按期发行的纸质报刊杂志，变成了可分享流转的专题网络文章；很多高高在上的媒体，也通过社交网络的方式与信息的消费者拉近距离。在这样的背景下，媒体还需要面临一次信息内容呈现的再次升级：虚拟体验中的媒体内容传播。

媒体经过互联网及移动互联网的洗礼之后，需要再次接受虚拟体验在呈现内容、采集内容、分发内容方面的变革。互联网带来的变革，本质上并没有改变传媒内容的形式。只是将传统呈现在平面纸张及屏幕视频的内容移植到了计算机和手机屏幕上，而虚拟体验全面地提供了改变呈现每一个内容形式的技术基础。想象一下，我们使用 VR 头戴产品身临其境地去感受一场狂欢游行的现场直播，或通过 AR、MR 随时看到更新的新闻标题显示在墙壁的空白处。传统电视台、报刊及网络有其现有的运营和发布内容的方式，我们来依次梳理一下，到底有哪些媒体应用可以颠覆我们现有的使用体验。

新闻现场直播。毫无疑问，这将是最为重要的即时体验。当技术进步，我们可以多角度地在屏幕中感受一个新闻发布会，通过训练有素的导播进行直播信号的调度，好的导播堪称是艺术的表现。而在虚拟体验中，使用者会选择自己所在的位置，即直播设备的点位，自主地控制视觉及听觉的角度和位置。这种自由的选择，可以让使用者体验很多之前连摄像机都无法进入的角度和位置。比如在舞台的正中央，除了被包围的视觉环境，连声音也都有着空间定位的效果；可以通过头戴式的采集设备或特定的可以移动的采集设备，实时地回传个人视角的体验，可以完全做到如身临其境；也包括后面会提到的比赛类的直播，都可以通过虚拟现实的设备进行直播。

在直播的过程中一方面可以展示更加身临其境的体验；另一方面还可以有更多的空间现实详细的信息，在视觉范围内，多层次地显示时间的相关内容，可以想象成电视中的画中画的效果。除了显示信息，还有更加互动化的交互体验，将社交也融入其中，形成更加整合的对于内容的增强。媒体其实本身并没有衰落，互联网和虚拟体验都是在为媒体提供信息展示的方式和通道，直播是可以将两者发挥到淋漓尽致的方式。

相信在未来的产品中，虚拟体验的接入和现实空间的扫描与记录可以整合在同一个消费者产品中。也就是说一个虚拟体验的使用者，也会是一个内容的创造者，对比于现在互联网的直播与自媒体的活跃，我们相信那又会是一个新的社会化趋势。

除了最引人注意的直播节目，日常生活中最为常见的各类视频节目和图文新闻也会快速地重新整合，展示在虚拟世界中。在虚拟世界中的视频节目，主持人可以通过整合技术直接进入采集回来的新闻内容的实际空间，就如同现在通过蓝幕抠像做到的效果一样。而我们在虚拟体验中可以与主持人一起体验被合成进入新闻现场的感觉。图文新闻可能会被短促而聚焦的实境体验所代替，也可能会出现更加高效的浏览图文信息的方式，借用三维空间展示的效果与能力，全面优化现在的新闻浏览体验。

现有的媒体机构，其实有着非常得天独厚的业务基础——完备的制作采编播出团队、高水平的内容制作团队和专业的新闻业务能力，需要的只是结合虚拟体验的趋势进行技术层面的升级和培训。首先，将现有的新闻体验在虚拟空间中更好地展示；其次，不断研究虚拟体验带来的新的能力和技术支持，研发出基于新平台的媒体应用。这个工作对只有技术没有媒体专业能力的团队是不可能实现的。最快进入这个领域的媒体一定可以在新的一波体验更新的浪潮中占据不可替代的位置。

当可以从电视上获取新闻和观看直播时，除非条件限制，否则不会再有人愿意用收音机去接听相信。由此可以想象，当可以通过直观的身临其境的体验去感受的时候，也就不会再有人愿意退回去看屏幕上的图像了。体验再一次推动了媒体的升级。

2.“个人信息应用”

个人信息应用包括关于个人所有通信和信息检索功能的集成。我们想在一个平台进行长期的使用，那么就需要兼顾现在已经习惯了的每天各种类型的信息沟通，需要能将这些信息兼容在日常使用的其他应用的过程中。我们现在经常获取信息的方式包括电话、短信、各种手机平台应用的消息提醒、QQ、微信、Line、电子邮件、视频电话和搜索引擎等。无论是从设备平台的消息系统的开放，还是各类应用的定制化客户端，都会有助于我们在虚拟体验的平台上进行信息互动。微信的普及培养了我们使用语音作为信息的习惯，未来我们可以用更多的不同的感知来传递信息。同时也需要各种形式的信息通知，集中汇总到一处，更加方便用户去使用。

对于日常信息的呈现是一种和智能手机的共存，实现了日常信息的沟通能力后，就可以长时间的佩戴和使用虚拟体验设备，而不至于在手机和智能设备之间不停地切换。于此同时，每一种我们习惯的信息形式，都有很大机会去提升和创新，从短信到邮件，再到电话和短信，任何我们能看到的现有的信息渠道，在虚拟现实中的接入和呈现方式，都亟待大家一同探索。每一种应用的探索和发展虽然并不会带来酷炫的使用体验，但是对于个人信息的高效呈现，本身就是信息体验中最为重要的一环，如果能更好地利用虚拟体验带来的新的展现形式，那么一定可以找到更好的个人信息互动的方式。这种创新必然会带来巨大的商业机会。

对于现有的信息应用的提升和优化，是所有团队最先投入精力，并不断产生新的创意和应用的领域。这些基础的信息应用领域，一旦研发出一款优秀的信息应用，那将意味着每个人都可以成为其用户，有着巨大的市场规模。在智能手机刚刚兴起，需要重新设计短信和邮件功能的时候，面对宽大的屏幕和便利的触摸操作，设计师感觉就像是得到了一张白纸，可以任意发挥。对于现在的虚拟体验空间中的设计，设计师更像是得到了一间空白的房间，可以任由布置，内容的移动和调配也可以随心所欲。在这时候会极大地考验设计师的想象力，和与可用性之间的平衡能力。在用户界面上，成熟的交互可用性规则几乎全部需要在空间虚拟体验中被重新定义。

下面我们来列举一下我们经常使用的信息应用。

电话与视频电话，会在虚拟体验中合为一体。在虚拟现实体验中，我们可以与通话的对象分享各自的环境场景和氛围，可以一同看看电影、聊聊天。在多人视频通话中，我们可以通过个人的虚拟形象来代表自己，或者通过配合环境中的其他摄像镜头来捕捉自己的图像和动作。通过计算技术，将多方的视频和音频整合在一个空间里，就如同真人同处一室一般。

短信和微信类的即时通信应用，可以通过新的方式展示。基于系统的开放，可以建立一套系统级的信息流现实方案，无论是类似于电视屏幕下方的跑马灯，还是在视野内由悬浮的画中画来展现。即时通信应用在现在的使用体验中，已经是除电话外最为主要的信息沟通方式。我们在二三十年前的影视作品和动画作品中，就可以看到现实在头盔面罩上的信息，现在的虚拟体验很快就可以实现同样的效果。

电子邮件作为最古老的互联网应用，一直被沿用至今，无论在个人应用还是商业应用上，电子邮件都有着不可取代的地位。而邮件终端的使用体验在 2016 年的产品上才逐渐被优化，摆脱了难用的体验，而对比其他应用，邮件的使用体验依然落后。在虚拟体验应用上，如果能有效地提升邮件应用的体验，一定会形成巨大的使用价值。

对于即时通信和邮件，文字是我们非常重要的沟通媒介，语音信息并不能完全取代文字，在很多场合下文字的效力和价值是不可替代的。那么在虚拟体验中如何方便地进行文字输入也是各家软硬件厂家需要着重解决的问题，无论是利用语音输入，还是通过何种形式的键盘或者触摸输入，能易用的快速的输入文字信息的方式一定具有非常强烈的使用需求。

搜索引擎。在虚拟体验场景中的搜索会变得比网页及应用 Apps 时代更为重要。在以前，搜索引擎帮助我们检索网页中的文字信息及链接。未来在虚拟世界中，信息变得更加复杂，不仅有文字和链接，还有不同的应用 Apps、虚拟“物品”、图像和声音，甚至还有虚拟世界中的“地点”。当如此复杂的内容同时在虚拟世界建立起来的时候，用户仅靠自己的记忆或是自己的探索来定位一个对象几乎是不可能完成的任务。那么，对于虚拟世界的搜索就变得更加重要。这是对于虚拟世界的一个“万物搜索”，没有这个搜索，我们在虚拟世界中就会倒退回 10 万年以前的境地——人类分别居住在各自的部落，但却不知道彼此的存在。人类花了几千年制定了各种律法，对现实中的各种东西进行分类和标注。在虚拟体验世界快速发展的阶段，一定有一个蛮荒时期，这时就需要有一种通用的标注虚拟对象的体系，以方便检索和查找，让信息和虚拟的对象通过搜索引擎流转起来。

对于搜索结果的呈现，也是一个一直困扰着我们的问题，几百万条的搜索结果，如何快速地在最重要的几百条结果中找到自己想要的内容。这个目标不仅仅是靠虚拟体验的展示效果来实现的，也需要更加强大的搜索技术和计算机人工智能技术来完成。相信信息检索及呈现的工作在虚拟现实中会有意想不到的突破。在这个领域完成突破的公司也一定会成为虚拟体验领域中信息的轴心。

3. “社交网络”

人的存在离不开社会，社交网络就是人类社会在虚拟空间的一个新的映像。在传统的社交网络应用中，我们通过屏幕中页面的方式展示自我的信息，发布自己的更新并浏览他人的信息，通过社交关系的纽带来决定如何获取信息。在虚拟体验的世界中，依然可以实现这种社交网络的信息和内容的流通，而且可以做得更好。虚拟体验世界中，所有东西都会被赋予尽量形象的视觉呈现，这会给使用者带来全新的社交体验。

虚拟体验中的社交场景，更多地会变成一种环境化的服务，就好比现在的微信账户系统，可以在很多应用游戏中登录。虚拟社交应用中的形象、偏好，也都会被带到其他的应用和游戏内，形成了对于个人的统一的形象，贯穿在各个应用中。社交环境中的自我在此被形象化和具象化。社交和即时通信会更好地整合在一起。而社交场景更像是大型网络游戏，如《魔兽世界》中的非常完整的大陆世界空间。对比于现实世界，虚拟世界中的开放世界可以并不唯一，用户可以在其中穿行。也许虚拟世界的所有应用最终都会统一成多个如同游戏场景一般的世界空间，连接所有的应用和小空间。而在这错综复杂的虚拟空间中，社交网络作为连接人的网络，会是最为有效的信息渠道。内容在人与人之间流动，就形成了社会的内容传播的体系，社交体系在虚拟世界完善之后，与搜索引擎及媒体一起，形成了信息内容流动核心。

社交平台主要的属性之一：分享，在虚拟体验的场景中尤为重要。因为所谓的虚拟体验的设备都是以使用者为中心进行的体验，与电视屏幕不同，其他人无法直观地观看他人在虚拟世界中的状态和内容。那么分享机制就变得非常重要，否则就会出现更为严重的信息隔离带来的社交障碍。无论是通过网络分享还是近场通信技术，虚拟体验在虚拟现实或是增强现实的使用场景中都需要经常性地分享，这也是硬件或软件设备快速拓展市场的重要手段。

4."影视，体育及演出"

影视、体育及演出是人们消遣的三种主要形式。影视、演出及体育又分为很多类别，在这里就不对这些类别进行详述。我们主要来看看，到底如何呈现这种消遣体验的内容。相信在内容发展的初期，会快速涌现大量视频类的内容，这可以快速地吸引和积累用户。

电影的影院体验，除了电影本身的社交和分享的属性之外，主要还来自于大屏幕及音响的感受。抓住了这几点，不难找到能提供更好体验的方案。电视剧作为长篇幅的剧集内容，除了晚饭后的消遣之外，还是旅途、通勤等时间碎片里的很好的内容。在电视剧的开始阶段，为用户呈现的是巨幕的观看体验，并不是全景的参与感的剧集。全景的影视剧对于现有的编导和剪辑都是巨大的冲击，并不是非常容易实现的。虽然不能非常快地实现全景体验，但是独有的巨幕体验已经可以在非常好的特定的空间和时间为使用者提供了很好的体验及感受。

演出和现场的体育比赛，是非常好的文体欣赏活动，也是重要的社交场合，但是随着现代生活方式的改变，很多人并没有机会安排频繁的演出和体育赛事的观看。虚拟体验的内容正在营造身临其境的感觉，同时还可以用更加低廉的价格和便利的时间去近距离地欣赏一场精彩的演出或体育赛事。这两者结合在媒体环节的直播能力，就形成了非常好的现场直播娱乐体验，可以让现场演出再也不必受场地的限制和时间的约束。体育比赛的身临其境，更能让观看者体会到参与体育运动的乐趣。在演出及体育内容上，虚拟场景中的观看，不仅不会影响现场观众的数量，同时能解决现场座位供不应求的问题。在观看之后，相信更多的用户也会愿意去体验现场的感受，对于演出及体育赛事本身也是一个非常好的促进。

网络视频在互联网快速发展的时期也一同经历了飞速的发展过程，作为科技行业的视频内容的中心，相信各大视频网站和应用一定会快速地将虚拟现实体验的视频播放作为新的内容形式推出，具体的发展速度实际上受制于内容生产的数量和质量。媒体与视频网站的数量是有限的，但是内容制作的空间是非常大的，制作产业的发展一定会落后于平台的推出和建设。在未来的某一天，我们相信平面视频这种形式会变成一种非常古老的信息呈现的方式，犹如我们现在用幻灯机看老旧的幻灯片一样。

5. **"游戏"**

对于很多人来说，提到 VR 应用，第一反应会是游戏应用。显而易见的是，游戏一贯地对信息体验的追求，也必然更加敏锐地利用虚拟体验技术的特点，为游戏增加不同的新体验和卖点。游戏作为体验消费的重要内容，在过去 10 多年间有着非常深入的发展，强大的 3D 游戏引擎建立的世界几乎可以以假乱真。虚拟游戏世界中有着复杂而健全的游戏规则和价值体系，而这些正是组成虚拟体验连通世界的重要经验。

在游戏与虚拟体验结合的初期，首先会应用现有的游戏类型，如主视角射击游戏，让用户可以感受更加真实的射击体验；探险和惊悚游戏，让用户可以体验更加紧张刺激的沉浸感受。当游戏的开发者和设计者熟悉虚拟体验设备的特性之后，会开发出基于虚拟体验本身特质的新的游戏类型，来充分发挥虚拟体验的价值。

游戏本身就有着比其他应用方式更多的互动和更精细的输入控制，这意味着游戏体验一定要借助更加丰富的输入设备。从最为简单的键盘鼠标到游戏手柄，再到更加高级的体感识别、肢体关节动作识别及各类手持设备的识别。我们经常在展会上看到有专门进行虚拟体验的空间，参与者全副武装，佩戴上头盔、护具、手套、手持枪支模型的控制器，在体感识别空间内进行真实战场体验的模拟；或者坐在一个由液压杆控制的可以快速改变姿态的有着多角度大屏幕的汽车模拟座舱中，驾驶过程中轿厢会随着驾驶者的操作而转动，给驾驶者拟真的惯性体验。这种基于复杂设备的游戏体验并不适合在家庭的客厅，或作为随身设备来使用，它逐渐出现在一些专门体验虚拟现实游戏的线下门店里，类似于前几年遍布于很多商业场所的小4D 电影放映厅。相信未来发展到一定程度后，会出现类似环球影城或迪士尼世界那种集中的大型的虚拟体验主题乐园。

游戏随着移动互联网的发展，快速占领了手机平台。手机游戏以其随时随地的便捷性和社交化的运营方式，获得了非常快速的发展，也获得了巨大的盈利效果。虚拟体验的游戏一定也不会缺少在移动场景下的游戏体验。受制于移动场景中的游戏操控方式非常简单，只需要游戏的设计者结合设备的特点更好地去策划和研发更加合适的游戏。现有的手机游戏，因为屏幕尺寸、计算性能及游戏时长的限制，设计出了多种成熟的游戏套路。手机游戏面临的这些问题在虚拟产品中有些得到了充分的解决，比如现实效果就得到巨大的提升。还有些问题会有一些矛盾，比如在移动场景中游戏的体验都是快速的、循环的，而虚拟体验设备的佩戴及显示效果更倾向于沉浸式的丰富的体验。相信此类游戏的策划和设计团队会找到解决的方法，并充分发挥虚拟体验的特长。

游戏产业的另外一个热点就是电子竞技，近两年有着非常快速的发展。电子竞技看似是游戏高手的对决，其实其产业发展非常类似于体育赛事，商业路径也相同。如果在虚拟设备出现过的一个成熟的游戏进入了电子竞技的领域，那么收看这个电子竞技的方式也必然会用到虚拟现实设备，这无疑对虚拟现实产品的普及提供了巨大的支持。就好比 1997 年前后，一款 3D 即时战略游戏——《横扫千军》的出现，推动了不少个人计算机从 8MB 内存升级到 16MB 内存的过程，这种在行业普及期的内容推动产品普及的案例并不鲜见。同时现有的游戏直播也受困于直播视频的局限，需要主持人不断地切换视角，观众无法多角度地欣赏电子竞技赛事。如果热门游戏在直播过程中可以将丰富的游戏画面转化成虚拟体验的直播内容的话，相信又会是电子竞技直播领域的一个新热点。甚至我们可以通过虚拟体验，置身于游戏的对决现场，而不是通过第三人称的上帝视角观看比赛，这种体验远远超过了游戏比赛胜负带来的吸引力。有一本热门的网络小说《全职高手》讲得是一位游戏高手因受到游戏俱乐部的排挤，在巅峰时退役，后又重新组织俱乐部再得总冠军的故事。故事中一个叫作《荣耀》的网络游戏，是标准的大型网络多人在线角色扮演游戏（MMORPG），集合了动作、战术、社交等多种元素的开放世界式的网络游戏。无论是游戏的操作特点，还是游戏体验都非常适合用虚拟现实的方式进行游戏的实现。在结合游戏中全国联赛的的电子竞技主题，如果能真正实现，那必然是新一代虚拟现实游戏及电子竞技的模板案例。

4.2.2 商业应用

任何新技术的应用，也会快速地传到商业应用中。如何理解商业应用？我们把所有通过虚拟体验这项技术来进行商业活动，以帮助商业增加其运营、市场、销售能力的应用称作商业应用。简单的理解就是能帮助把“生意”做得更好的应用。

商业离不开市场与运营，在消费市场领域，千万种商品及服务在不断地争抢着消费者市场。这个市场是通过媒体和传播进行连接，通过物流及服务进行交易而完成的。仅是想象就会觉得壮观，几十亿的人口，每个人有各种需求，这些需求来对应千万种商品和服务，这个巨大的匹配过程就是商业的本质。我们可以从营销学中学到，一个消费者的消费过程大致可以分为几个步骤：① 认知品牌和商品；② 了解产品特点；③ 产生兴趣考虑购买；④ 消费决策；⑤ 成交。我们可以对比虚拟体验提供的特殊价值来看看如何对商业进行提升，形成商业应用。

认知。认知过程一般通过媒体、广告、公关等媒介手段来完成。在虚拟体验中，之前提到过的媒体内容应用，依然是认知品牌和产品的有价值的渠道。同时在其他内容作品中，也可以进行巧妙的植入。对比于在媒体上品牌标示 LOGO 的露出，在实景中的植入会更加巧妙和容易感受。品牌 LOGO 的出现就是为了在平面印刷的媒介上，有限的空间内容能让消费者清晰地记忆一个品牌。而在虚拟世界中，所有的内容都表现为有空间的形体，对比于平面的标示，形状颜色及特殊的样式会给人留下更加深入的印象。

了解。在对产品留下印象之后，可以方便地通过虚拟的方式对产品进行展示，无论是电子产品，还是日化产品，都可以在空间的视觉区域内，进行声音和图片的展示。对比电视媒体及网络媒体的视频广告，在空间中有真实感受的产品介绍和广告，一定可以帮助消费者有更好的认知效果。对特定的服务和产品，如旅游和房地产，虚拟体验带来的沉浸式的感受，是任何视频效果都无法替代的。

考虑及决策。在考虑阶段，虚拟现实体验并不一定由直接的方式进行推销。但是可以通过在虚拟体验中进行产品的试用、评测、社交化的对比、产品的深度展示，甚至是代理销售人员的直播连线，来解决用户在考虑及决策阶段需要进行的价格、功能、外形等方面的对比和试用。甚至包括买衣服的时候，输入自己的身材数据和照片之后在虚拟空间中看到衣服穿着的效果。

成交。购买行为本身基于不同的商品，有不同的方式。快速消费品和标准化的产品是非常适合在互联网上进行销售的，而很多销售过程复杂的商业形式，可以通过虚拟现实的方式进行异地交易，无论是复杂的交易手续、海量的产品选择、现货的查看，还是详细的产品验收。虚拟体验技术给交易本身提供了更好的支持。

在我们看过虚拟体验给商业环节进行的提升后，我们来看看具体哪些商业应用可以借着虚拟体验的发展获得超越以往的优势。

1. “精准市场营销”

现代化的经济，因为连通的网络和发达的物流而将全球的市场连接在一起，推动产品贸易的巨大动力就是品牌营销。良好的品牌营销帮助全球各地的消费者了解产品，接受新的生活方式和理念，创造新的需求，建立全球化的观念。一直到现在，使用全球知名品牌的服务或产品，依旧是高质量生活的代表特征之一。在这种统一的市场中，如果一个产品或者服务无法通过物流或者网络运送到其他地方，那么这个品牌及产品注定无法市场拓展；如果一个产品或者服务可以支持跨地域的输出，那么它需要的就是通过各种越来越便捷、越来越快速、越来越形象生动、越来越有说服力的各种媒介手段进行品牌营销，让市场拓展目标区域内的消费者，感受到如同该产品忠实用户一般的了解和信任，让消费者在其产生消费需求时候，基于品牌和产品的认可做出消费决策。甚至，强势的品牌营销可以在消费者本身没有意识到自己需求的情况下，发掘需求、创造需求，为一个产品的市场认可打开门路，不断地植根于消费者的心中。

既然品牌市场营销对一个产品和品牌来说如此重要，那么所有商品的厂家和渠道商都会争先恐后地进行市场行销的宣传。市场也是如此。在过去的 20 年里，电视的广告成本翻了几百倍，还不断出现了互联网营销、社交营销、移动互联网广告、精准营销、新媒体营销等缤纷多样的营销方式。随着信息流通的便利性和网络的交互性拓展，海量的广告信息随之而来。消费者被广告的营销内容过载了。在任何一种广告形式被发明出来之后，消费者一定面临内容的过载，而品牌商也会面临营销影响力下降和经营效果下降的难题。即便如此，国际 4A 广告公司及国际公关公司还是作为领头羊，结合了众多本土广告公司形成了规模巨大的广告营销及公关产业。媒体及营销从业者们每天日思夜想，希望可以用最新、最吸引眼球的形式，从众多的广告信息中脱颖而出，被用户关注，并用最为贴切的方式及内容传达品牌及产品的信息。

虚拟现实对于品牌营销来说就是装满宝藏的箱子，里面有一切营销行业希望得到的东西。单是“新”这一个字，就足以让品牌营销的创意趋之若鹜。营销行业每天挖空心思去寻找媒体上各种新、奇、特的事情和新闻，希望通过借助这些抓人眼球的元素来推荐自己的品牌及产品。经历了信息行业的发展，我们看到虚拟体验产品的兴起，就如同智能手机的上市一样，会带起一波长期的发展新浪潮。单是这一点，就可以为品牌营销所借用。任何品牌都希望用最为新锐的方式来进行品牌的呈现，哪怕这个新奇的趋势和品牌本身的关联相对微弱。

虚拟体验新奇的噱头虽然可以帮助品牌营销吸引眼球，但是单有第一次的关注是远远不够的，趣味性和互动性的营销内容很快会失去消费者的注意力。当用户进入营销的虚拟体验内容中时，由虚拟内容创意人员策划的品牌虚拟体验，及各种无法在现实中实现的特效，会全面地展现在消费者的虚拟世界中。当消费者第一次体验了虚拟体验，或者在品牌的虚拟体验中见识到了前所未有的奇妙体验，那么对提供内容的品牌，就会产生极大的好感和信任感，甚至可以在变成真正消费者之前就已经变成了品牌的“粉丝”。对比现实中的营销方式及效果，我们可以看到，吸引用户注意力的方法，可以很好地被借鉴到虚拟体验中。酷炫的光影效果、超现实的体验、机制的视觉特效、高品质的内容质感、所有这些方法，都可以在虚拟体验的环境中很好地被实现。

完成吸引消费者的关注，对其展示高品质的营销内容只是商业应用的第一步，下面就是为消费者阐释产品的定位、价值与意义，简而言之就是讲一个打动用户的“故事”。通过一段内容，形成一种对于用户的沟通，让用户理解企业、品牌及产品所主张的价值和生活的方式，继而让用户了解品牌解决问题的态度及方法。通过这个过程，让产品及服务更好地被理解，而不单是品牌名称的反复出现。虚拟体验产品的平台，作为讲故事的渠道，非常适合，尤其是现在的虚拟现实设备提供的完全沉浸式的体验，相当于给营销内容提供了唱独角戏的机会，这种场景是所有品牌及营销策划人员梦寐以求的。就如同优秀的视频广告，只会让用户记住几个字的概念或者标语，还有品牌的印象，虚拟体验也可以让用户体会清新而简单的品牌沟通的体验，这种营销体验也是对品牌的风格和品位的界定。

确定营销内容的同时，我们还会关注营销的渠道。在虚拟体验中，有 3 种现有的营销内容呈现的渠道。我们可以逐一地来进行了解。① 贴片广告形式。贴片广告的形式来自于电影及电视界面前后的视频广告的形式。在虚拟体验中，各类应用开始、退出及数据传输等待时出现的空隙，即可成为广告呈现的时间。在手机 App 中，软件在打开的第一时间“开屏广告”也是同样的方式。这种方式可以带来最直接的展现。② 横幅广告形式。这种广告来自于纸媒及网站媒体的广告位，就如同我们看到的门户网站最上方滚动播放的广告条。在虚拟体验中，横幅广告可以达到和视野中漂浮的字幕一样的效果，但是这种效果对用户体验的打扰是非常严重的。③ 植入广告形式。这种广告来自于热门影视作品中的产品植入，在支付了植入费用后，品牌的商品就可以醒目地出现在影视作品的画面中。在虚拟体验中，这种植入广告可以体现为对某种应用中的物品进行植入。比如在进行一个虚拟体验的游戏的时候，可以发现游戏中的汽车或者汽水，都是植入的内容，用户在与之互动后，可以查看详细的内容。还有一种植入，有点类似于我们在网站上常见的右下角的弹窗广告。在虚拟场景中，可以植入一个和场景没关系的物体或对象，吸引用户去探索，继而触发详细的介绍内容。在增强现实的场景中，植入广告的形式就会变成主流，虚拟广告的物品在通过虚拟体验呈现之后，会变成桌上的杯子或镜子中的美丽衣裳。

通过这么多渠道展示出来之后，在虚拟体验中，也非常容易引导用户进行购买。

就如同互联网广告一样，广告可以直接连接到电商。在虚拟体验中，电商网站变得更具优势。用户还可以通过虚拟体验的社交功能，查看社交化的评论和买家实际使用场景的体现。增强现实的平台，甚至可以让你直接观看椅子买来之后，放置在家中的真实效果。

真实而亲切的体验是品牌营销在互联网上不断追求的营销效果，在虚拟现实中，营销可以更进一步。我们将会看到更多的营销方式不断地被推出，同时也丰富了虚拟体验的应用方式。信息的技术及新的表现形式给营销带来的变化，是一个非常跳跃的多样的话题，也许再说 10 万字也无法穷尽。这里的讨论，也仅仅是在虚拟内容中的营销思路开个头，供大家思考。比如营销与销售的结合部分、用户的试用、汽车的试驾、宣讲会、公关的发布会，甚至金融公关的路演会等，都可以通过虚拟内容的通道进行呈现。在这里就不一一细说了。

2.“电商及实体商业”

提及商业肯定不能错过的就是电子商务及实体商业这对矛盾的兄弟。在虚拟世界中，如果这两个兄弟不再是挣得你死我活，而是融合到了一起，就有机会形成相互促进的效果。

相比于实体商业，虚拟体验给予电子商务的提升更加容易理解，那么我们就先来讨论讨论“虚拟电商”。

“虚拟电商，贵在真实”。电子商务发展了近 20 年，早在 1997 年前后，就出现了电子商务的各种雏形，甚至已经出现了电子商务的旅游预订业务。信用卡的支付、快递的发展，都帮助电子商务形成了完整的业务流程。但是中国的电子商务真正的发展，是通过几次历史事件来进行推动的。第一次是 2003 年的“非典”，每个人都想尽办法减少公共场合的活动，电子商务成了人们减少购物出行的一种好办法；第二次是 2008 年开始的金融危机，经济形势严峻，而电子商务因为省去了层层的分销环节，可以以更低的价格为消费者提供产品，大家通过电商来抵抗金融危机带来的各种压力及影响；之后的电子商务大发展，已经深入了每个人的生活，不少老年人也开始使用电子商务来购买柴米油盐，免去购物的辛苦。

电商发展快速，带来了便利，但是也带来了一些问题。很多商品在电商网站或狭小的手机屏幕上无法完全地被展示及查看，消费者经常会买到并不合适的产品。很多产品即便拍摄再多照片，也无法真实还原产品的样貌及人对它的感受。在消费体验上，也变得凌乱而不愉悦。舒适而优雅的购物环境和体验，变成了电商网站冰冷的列表和并不完全可信的图片，很多商品会因为无法试穿及挑选而冒着退货的风险。实体店中耐心细致的导购人员，可以为消费者提出合理的建议，而在网络上购物，除了标准化产品及电子产品外，绝大多数的商品都需要仔细地挑选，而消费者本身很多时候不具备选择能力。

虚拟体验中的电子商务，可以重建舒适的购物空间，光线、音乐、海量的货品陈列，甚至在电商中找不见踪影的售货员，也可以再次现身。结合人工智能与电子商务的便利，在虚拟现实中的购物过程，甚至会超越线下的商店，而依然可以在任何地方进入商店，不必亲临店铺。网络电商的列表式商品，可以重新在虚拟空间中进行展示。建筑设计中重要的门店设计会再次得到发展，而且不会再受到实体建筑及施工的制约，一定会迸发出惊人的创造力。在虚拟商店中，你可以输入自己的身体尺寸进行服装试穿的模拟；可以通过演示的动画来观察血压仪的使用方法；可以去了解一部汽车的制造过程并体验坐在车内的感受。虚拟现实会释放所有在互联网电商时代被压抑的需求和形式，最终转化为更好的商业发展。

我们看到电子商务，再插上虚拟体验的翅膀之后，破除了以往的禁锢，成为了一种超越真实的商业。而虚拟体验会是压垮实体商业的最后一根稻草吗？必然不会。虚拟体验可以帮助线下商业解决很多困扰的问题。实体商业受制于越来越高的铺面租金，而虚拟体验可以通过在店内指引用户使用商业的虚拟体验设备，在实体店进入虚拟店铺，虚拟空间还可以延续实体店铺，获得巨大的空间扩大，也不再受装修等实体的限制，并可以展示很难通过传统方式进行展示的内容。除了升级店面，减少不必要的店租外，我们还可以通过虚拟体验的网络化的体验，来介绍线下商务的服务及内容，让线下商业的客流不再只来自于线下的人流，也就是我们所说的O2O 模式，而在虚拟世界中的 O2O，并不仅仅是简单的导流，还包括对服务内容、信息的同步。让整个线下商业的服务变成整个消费体验中的一环，而通过虚拟体验让用户更多地沉浸在商业环节之中。餐饮、娱乐、影视和美容等线下服务的业态，都可以通过这种 O2O 模式来进行提升。实体店铺的商品，也可以获得虚拟属性，在现实生活中购买的商业，也可以在虚拟空间的游戏等应用中获得真实的呈现，也会是未来商业一个重要的价值。现在我们还是以现实生活为主的经历，也许当虚拟世界变得非常重要之后，线下商业的服务作为很多体验的必要节点，就可以获得更多的关注。

3.“旅游及房地产”

旅游与房地产的特点，都是让使用者通过感受虚拟技术来感受现实的美好，而去进行消费的行为。这两者需要为消费者提供精确细腻的体验，来对自身的价值进行阐述。

旅游是一个幸福的行业，给人们带来快乐，释放压力，留下美好的回忆。旅游行业也是对环境污染较少的行业。无论我们是走出去，还是邀请别人走进来，充分地了解都是必要的。旅游是一项复杂的活动，时间紧凑，安排紧凑，过程复杂，需要非常良好的探索与规划。通过虚拟体验，我们可以充分地了解旅游目的地的景色、人文、活动及服务，让我们能更好地挑选自己的目的地，更好地与同行的人进行分享。旅游不单单是景点的展示，在展示过后，我们还可以在虚拟的景点中，直接建立一条虚拟的旅游计划，选购旅游服务及商品、安排行程、安排体验酒店、选择预订。之后可以将计划直接分享给同行者，让出行变得更加有规划。旅游公司可以直接生成一个旅行计划的虚拟体验的流程，消费者可以直接地进行体验，来了解产品。在旅游的过程中，我们可以通过自己或导游，操作全景拍摄设备，来记录旅游的过程，最后形成虚拟体验化的游记，来记忆和分享旅行独特的经历。相信我们以后不会再只有东南亚、欧洲、北美这几个选择，全球 200 多个国家和地区，都将是我们旅行的目的地。

旅游的过程中，历史遗留下来的景物，是我们参观的重要景点，在指定地点的虚拟现实内容，可以复原历史的面貌，修复倒塌的宫殿，重现古代王朝的兴盛。增强现实的设备，更是可以一路都提供每个细节的讲解和虚拟对象的演示，让眼前的世界变得格外的丰富，让寻找路线不再为难，当你遇到困难的时候能第一时间有人帮助。笔者创造了个词，叫作“增强旅行”（Augmented Travelling），特指用来辅助旅行的增强现实应用。人们一生出去旅行的机会并不多，希望每个人都能有一个完美的旅行。

房地产是普通人一生中最大的消费，而房子本身在虚拟体验之前，没有办法通过图片去全面地了解，对空间的体量需要更加身临其境的体验来进行了解。在买房的过程中，无数次的看房奔波，让很多买房的人跑细了腿。通过虚拟现实设备，我们可以做到完全身临其境，很方便地浏览一个个房屋的内外及周边的环境，甚至周边交通。这种对售房方式的全面改变，必然会对房地产的房屋销售带来全新的改变。房地产行业中，市场推广、案场销售的方式会变得更加立体。消费者也会因为虚拟体验带来的便利，获得更好的体验，让购房不再是糟糕的回忆。

我们通过虚拟体验提升买卖买房的体验，在其他环节，虚拟体验依然也会提供非常好的帮助。比如在装修设计阶段，消费者可以直接在虚拟体验的空间中感受和了解装修方案，与设计师一起进行探讨，修改方案，对于最终可以形成的效果进行实际的体验。每个房子的装修制作、选购过程都可以通过虚拟内容进行。又比如在入住后，所有家居中的电子产品的使用、维修，申报，都可以通过虚拟内容进行演示、控制、调整。房地产相关的虚拟体验技术应用，让消费者在面临复杂的消费交易流程中，获得了足够直观具象的信息。

4.2.3 行业垂直应用

虚拟体验的应用，除了在内容和商业方面的用途以外，在垂直业务用途中，也有着巨大的市场空间。与商业应用及营销不同，行业垂直应用不会被热闹的趋势或时髦的效果所推动，真正推动垂直应用发展的是虚拟体验本身的价值和能力。虚拟体验通过建立的三维空间来呈现内容，并通过各类动作的捕捉（头部视野角度变换是最为基础的动作）来控制虚拟体验中的互动，再通过以视觉为首的多种感知来进行反馈和输出。这些特点为我们在垂直行业里解决问题，提供了超越现在硬件平台的能力，可以让很多本身受制于平台的任务变得更加容易。

垂直行业的应用，会为相应的行业带来巨大的变化，改变工作方式，改变信息产生、流动和存储的方式。我们看到现在的虚拟体验设备，更多地被用在了娱乐和商业方面。而未来一定会更多地应用在垂直行业的业务解决上。未来我们会看到上班族戴着虚拟现实的头盔或增强现实的眼镜，在与现在完全不同的办公环境中工作。因为可以对人的行动进行捕捉，意味着我们可以通过肢体的动作来帮助我们执行不同的任务。无论工作的内容如何，我们可能有机会摆脱现在被计算机屏幕束缚的办公室工作方式，减轻因为久坐产生的健康问题。当然这是虚拟体验为垂直应用提供价值而带来的副产品。在行业垂直应用领域，相信很多公司会深入地植根行业，每种能提升行业业务能力的虚拟体验产品中都会出现一个领头羊企业。我们现在就来通过几个行业的探讨，来了解一下虚拟体验到底能给这些行业带来什么样的提升。

1.“医疗”

医疗，无论古今都是技术含量最高的行业。现代医学迅速发展，无论在理论研究上，还是在临床治疗上，都有着突飞猛进的发展。在临床医疗的场景中，医生会面临复杂的病例及治疗环境，信息化的技术一直在临床医疗领域提升医疗水平，而虚拟体验技术平台的出现，会对信息的呈现提供巨大的帮助。

我们知道人是一个三维空间的个体，又有着复杂的器官及组织结构，在外科治疗的过程中，人体组织器官的影像化和查看是非常重要的。在治疗的方案中，给予数字影像的诊断和治疗方案的制定就依赖于数字形象清晰的呈现和解读。现在先进的检查设备，都可以在屏幕上查看立体的扫描结果，而虚拟体验技术，可以让医生全面地了解扫描结果，可以直接通过操控的设备在虚拟空间中进行治疗方案的彩排。而在进行治疗方案的过程中，不仅可以依据虚拟内容的指引进行操作，还可以通过虚拟内容对治疗过程出现的问题进行讨论。

远程医疗也可以借助虚拟体验设备进行实施。远程执行治疗任务的大夫，可以通过虚拟体验的直播连通，进入第一视角的治疗现场。通过与现场执行医生的合作，或者从远程操作治疗设备，直接对患者进行治疗。在很多利用精密设备的治疗中，就不必让医生一直以非常辛苦的姿势站在手术台边，可以让医生在手术台旁的椅子上，操作治疗设备进行治疗。一方面精密的治疗设备通过虚拟设备进行显示，会比直接使用目镜获得更好的效果；另一方面，我们可以节省宝贵的医生资源，让医生降低劳动强度。通过网络可以帮助远程的病患进行治疗，也可以对医生的资源进行优化。有了虚拟体验的现实技术，医生可以远程会诊，减少患者的奔波，让医疗信息更好地连通，医疗资源更加有效地被利用。这样可以将医疗资源进行合理地重新分配。在中国，看病去医院其实不难，医院的数量、层级和从业人员并不是核心问题，而最大的问题是医疗资源分配不均，地域上分配不均、匹配不均，很多病人得不到所需的医疗诊断和治疗。虚拟体验的加入，可以让医生在现实空间进行医疗的实践工作，让治疗不再仅限于本地区的医院。

2.“艺术与设计”

我们从很多虚拟现实及增强现实的宣传片中，看到艺术家与设计师通过数字技术，在虚拟的画布及空间中进行的创作过程。宣传片中，可以看到借助技术的能力，使表达变得更加自如与流畅，科技与艺术的共鸣也呼唤起每个人创作和尝试的欲望。

信息化的软件，可以给艺术家提供平面画布的形式，满足艺术家绘画的作品的需求，但是单独在电子屏幕上“作画”并不能带来独特的优势，也无法取代传统的绘画颜料。在空间 3D 软件中，设计师更多是满足工业制造的需求而进行创作，但是并不能帮助艺术以其擅长的雕塑的方式来进行创作。更多的时候，平面图像处理的软件及 3D 制作软件更多的是服务于平面设计师、室内设计师、造型设计师和后期特效制作来将设计好的内容进行信息化呈现，而不是提供更强大的创作工具来进行艺术创作。

数位板的出现改变了电脑软件过于工程化、人机交互方式不自然的问题。数位板可以让使用者用特殊的笔在数位板上进行绘画，而在电脑软件中呈现绘画的效果。虽然还不能超越传统颜料，但是已经可以以自然的方式进行绘画。

在虚拟世界中，物体本身就可以凭空创造，颜色、体积、材质和质感，都可以根据需要进行改变，而最重要的是，肢体的动作可作为虚拟体验的输入，那么艺术家就可以通过最为本能的动作来进行内容的创造，而不会被创作所需的颜料、材料限制。艺术家可以在虚拟的空间中，建立形体，赋予其颜色及材质，可以快速地搭建雕塑与装置。在虚拟空间中，创造可以被很快地搭建完成，可以修改储存副本，可以建立系列，成本不会因为创作数量的增加而飞速增加，可以颠倒世界与空间。所有这些在现实中无法改变的元素，都可以在虚拟空间的创作中实现。相信在虚拟体验中，艺术会被重新定义。在虚拟空间中，作品还更容易被传播、被获取、被展示。在虚拟环境创作的作品，可以被观众直接在虚拟空间中观看，观众甚至可以进入到作品内部。新奇的技术带来的变化到底能激发出艺术家什么样的奇思妙想，我们只有把画笔交给艺术家的时候才能知道。

设计师是一种职业化的艺术创作人员，对视觉、空间信息化的应用非常得心应手，而且已经可以非常成熟地运用技术手段提升自己工作的效率。设计师对于工作的提升，会由各种各样的工作细节的提升组成，帮助其更好、更快地完成工作。现在越来越多的设计，有着复杂的空间形体，在平面现实器上并不能完整地呈现其空间体积带来的感受。虚拟体验设计工具帮助设计师，走进自己的作品，从不同的角度和距离进行查看。可以直接在虚拟空间中利用设计工具进行修改和雕琢。摆脱以往在平面中，只能通过三维物体的各个角度的投影来对形体记性想象，或者进行 3D 打印。但是巨大的作品和空间，没有办法通过快速低成本的办法打样，只有通过虚拟设计的方式进行最为直观的感受。

我们看到众多设计门类都可以通过虚拟体验提升自己的设计能力，它们包括室内设计、建筑设计、服务体验设计、灯光舞美设计、视频后期制作、虚拟体验设计制作、游戏设计、工业设计、服装发型造型设计、活动流程策划、影视编导等众多门类。这些创造性的设计工作，都可以在虚拟体验中进行更好地显示及操作，来使工作的结果得到提升，通过更好地向客户及受众展示，获得更多的认可。

3.“办公”

办公是个看似简单的任务，每天无数在办公室工作的职员都不断地进行着各类的工作。工作可以从微软的办公软件 Office 的组成中看出一二。最简单的工作任务包括文字文本的处理、数字表格的编制、展示幻灯片的制作。随着云计算的发展，本地办公软件都逐渐和云存储进行连接，无论是存储在公共的云空间，还是企业的独立云空间，都非常方便使用及调取。那么虚拟体验应用能帮助我们做什么？其实还可以做到更多。

在文档处理方面，我们在立体虚拟空间进行处理所带来的优势并不大，而在多文档对比、整理、整合和教研的过程中，空间显示的价值就会突现，计算机屏幕中缺乏精深的显示效果，让众多问题同时显示成为非常困难的事情。在虚拟空间中，我们可以分享同一份文档进行编辑和浏览，而不用挤在同一个计算机屏幕前。团队的合作与写作，变得更加容易。如果说文档本身是最为简单的公共处理内容的话，数字表格显然就要复杂得多。每一次笔者在处理巨大的电子表格的时候，都恨不得拥有全世界最大的显示器，希望可以对这些数字一览无余。在虚拟体验中，全视野的现实模式，让我们可以非常容易地将复杂的数据表格进行展示，甚至可以旋转同步角度查看、多张数据表格快速地切换。更加重要的是，我们可以尝试建立多维数字表格，让复杂信息的处理变得更加直观。数据图表的显示也变得更加容易，三维空间的“空间化图表”也能带来强大的显示效果。至于幻灯片展示的文档，在虚拟空间中，根本不需要再做“幻灯片”而是显示一个个有空间感的场景，让信息变得更加真实、更有说服力。当然优秀的模板，还可以让演示的编写变得更加容易。

当然常用的办公软件只是一个基础，每个行业还会面临各种各样的办公需求。比如管理火电发电机组的运行状况；监控 100 家连锁店的收入情况；编写复杂工程的程序代码；多种证券市场的报价查看；道路交通及治安信息的监控等。各种行业的信息化随着经济的发展都不断深入，办公的方式也都进入了数字化的方式，虚拟办公就是解决越来越多的信息展示的问题。同时虚拟办公的方式不在拘泥于地点，可以随时与同事互动，也将缓解大城市重要办公区的社会及交通压力。

4.“教育”

教育并不是简单的知识传授，还包含了价值观的建立、品行的树立、沟通能力和表达能力的培养。在教育的过程中，不仅是信息从老师传达到学生，还需要让学生更多地参与到表达、演讲、分享和协作的过程中去。现有的网络教育，通过视频直播与文字互动，可以让学生有现场听课的感觉，但是还不能让学生完全体会到真正的学习与互动的过程。

虚拟体验可以更好地让学生进入沉浸式的学习体验中，甚至可以在虚拟空间完成作业及练习，更全息化的沟通方式，可以让学生真正地体会学习的场景。可以想象，在未来，虚拟学校可以在很多场合代替实体的学校，让教学变得更加自由。与医疗的场景相似，通过虚拟教育的形式，让教学地点不再局限于学校，优化教学资源的配置更加科学化。

虚拟体验的教育，可以让教育更多地摆脱书本，可以通过虚拟对象，呈现更多的真实内容，比如历史事件的身临其境的重现、化学反应的呈现、生物自然的观察。不仅可以让学生在更加真实的环境下学习知识，还可以让学生有更加丰富的互动方式，通过让学生更多的参与，让知识变成主动获取与记忆的过程。让所有的知识在学习的时候都变得更加直观，在未来，知识的使用也变得更加容易。

教学的虚拟体验，并不一定具备太多科技酷炫的亮点，但是可以真实地解决教育体系、制度对学生发展与成长的限制。在其他领域，信息技术发达带来进步，早已形成产业及服务的全球化的联盟，唯独在历史最为悠久的教育领域，依然无法形成良好的连通。相信更加全息的虚拟教育体验，可以帮助我们把优质的教育变成所有人都可以获取和分享的价值和资源。

5.“军事”

总的来说，战场的环境变得更为复杂。这种情形提高了战场控制的难度，同时增加了在执行任务的各个阶段突发危险对于士兵生命的威胁性。现在，虚拟技术已经在无人机驾驶，危险环境任务机器人操作中担负起重要任务，相信在未来的一段时间内，很多军事装备都会形成无人驾驶操作，由虚拟体验设备进行遥控，减少战争的伤害。

6.“残障”

残障病人的护理和精神关怀，是每个有残障病人家庭的问题，虚拟体验可以给残障人士带来一定程度上的能力恢复，并可以在精神寄托层面，获得更大的慰藉。残障的病人有很多类型，最为严重的包括瘫痪、偏瘫、肌无力等重症病人，因为失去了行动甚至语言能力，需要全天候有人照顾，很少有人能获得如霍金那样的高科技设备，绝大多数病人在痛苦和空虚中度过余生。自身的行动及语言障碍使得沟通和自理成为巨大问题。而虚拟体验中可以加入基于眼球追踪的技术，让不能动弹的病人可以使用，为自己选择要表达的内容和可以操作的服务，甚至配合护理机器人，还可以进行自我的照顾。另外，还可以通过虚拟体验，让其重新获得在虚拟世界中活动的能力，也对其精神是重要的慰藉。虚拟体验也可以成为内容播放的平台，为其单调的生活提供些许改进。残障不太严重的病人，比如某种肢体能力缺失的人，可以通过在虚拟空间中进行工作，来重新以普通人的身份获得工作的机会，为其摆脱现实生活中的心理阴影及自卑，重新建立自信提供机会，也能一定程度上在生活提供帮助。比如网络虚拟店铺中的导购、各类社交应用及游戏中的管理者等。

垂直的应用场景还有很多，这里肯定无法一一列举，相信在每一个行业中大家都能找到可以通过虚拟体验进行提升的方式和内容，如果这种提升可以全面地提高一个行业的核心能力，那么这个垂直应用就一定具有巨大的商业价值。每个行业的商业价值，就靠读者自己去思考并寻找了。

我们后面的章节会讨论到商业、商业的路径、切入的角度、运营的方式，而所有商业的基础元素，必然是一个一个的应用场景和应用节点，而这些基础的节点的发展程度，才能反映到上层运营和投资的回报当中。对于虚拟体验产品，无论是硬件还是应用，消费者已经跃跃欲试。

4.3 虚拟实境体验的魅力所在

我们思考了很多如何在整个虚拟体验市场中进行定位和布局的问题，这可以帮我们做到事半功倍，可以让我们有定位的立足之地，同时，虚拟体验作为一种表现力极其丰富的信息呈现形式，其感性魅力也是我们不可不提的一个重要部分。用户在使用虚拟体验产品的时候，不会太多思考产业、布局等这些宽泛的问题。应用与内容是否有吸引力，是否让人不能忘怀，就是决定是否能够征服消费者的重要因素。

2000 年前后，大城市中的个人计算机刚刚进行普及，在电脑卖场里最为吸引人的绝对不是文档编辑软件或者图像处理软件，而是每个计算机摊位都在不断播放的各类酷炫的游戏画面和视频影音。无论是成年人还是孩子，接触和了解一个新的事物，最好的方式就是乐趣与兴趣。即便从现在的角度看来，那些电脑游戏画面和视频文件，只能以粗糙和原始来评价，但是这足以对还以电视为主要信息获取渠道的人们产生巨大的吸引。

“魅力”是一个难以界定的概念，每个人对于“魅力”也有着不同的认知。我们不去对这个概念本身进行解释，而是关注它能带来结果和产生的方式。

4.3.1 跨界交融的酷炫体验

在一个平台本身发展得并不是十分完备和充分的时候，跨界是最为讨巧的做法，让我们在同样的内容中，来体会新的平台所呈现出的前所未见的体验，给使用者留下的巨大的不可磨灭的印象。而跨界本身引用对方带来的内容、品牌、影响力，也会为新的平台带来足够的关注。从制作的角度上来看，跨界的内容和形式本就是有迹可循的，免除了设计策划人员从头策划并在技术探索期来进行从 0 开始的探索带来的不确定性。

跨界本身就是一种基于内容或者商业层面进行相互交流的运作方式，在互联网媒体、视频、广告、艺术、设计、时尚、影视等领域，经常进行各种目的的跨界，可以带来很好的商业价值，或者催生出新的艺术火花。而跨界的运作手段，相比于探索期的技术开发能力，还是要先对成熟一些。下面就来列举一下笔者可以想到的跨界形式，希望能激发出读者更多的创新，并最终带到虚拟现实的体验世界中来。

明星跨界

明星是最有社会号召力的群体，集中了大量社会人群的关注力。明星的出现本身就已经构成了巨大的新闻效应。可以让市场快速通过对明星的兴趣，降低使用虚拟设备的门槛，并对虚拟设备产生好感。明星粉丝对于和明星进行近距离的接触有着疯狂的热情，而明星因为其工作特点的原因，并不能经常和粉丝直面相对。而虚拟空间非常好地解决了实地见面的各种组织、安全、成本的问题，让明星与粉丝可以近距离的近景体验和互动。不仅满足了粉丝对与明星见面的需求，也让明星以更加亲近的态度来回馈粉丝，保持在观众面前的活跃度。具体的跨界方式可以全景视频直播互动，或者是在线的明星见面会。在视频直播平台上，也逐渐有明星进行参与，而视频直播的体验、效果与场景，都并不能很好地展示明星需要给粉丝带来的体验，而虚拟体验空间，必然能做得更好，还能不断地创造出新的互动体验的形式。

艺术时尚跨界

现在的艺术，早已超越平面绘画，及雕塑的艺术形式。在不断地整合进入新的材料、设备、声光电元素、计算机程序控制的逻辑与转正，艺术接种新的形式在不停地发展，也同时生发出很多艺术元素的符号。

从德国艺术家博伊斯开始的后现代主义的创作中，不受传统艺术的限制，更多的是去展示自身思考与社会选择的状态。博伊斯选用了多种的表达元素，从图案到材质，到行为艺术的表达，形式变化多种，但是通过阅读他的日记与手稿，我们能理解到他对社会与艺术的深入思考。艰深的思考不意味着难以理解的表达，博伊斯运用毛毡、黄油来表达情绪，兔子是其思维的代表，而圆顶礼帽、马甲与行军背包的组合，更是成为一种符号化的表达，流传几十年甚至依然出现在很多时尚品的图案中。虚拟现实可以为艺术提供的创作空间与材料比后现代艺术家运用的更为多样及充分，在虚拟空间中的艺术品，可以赋予其各种各样的形状、材质、颜色、体积、功能、逻辑、声音，可以真正地让艺术家实现无拘无束的创作过程。

我们可以看到，在艺术与时尚的交叉地带，充满了强烈的流行感与传播性。时尚文化是一种社会消费品，而艺术更多的是社会及生活形而上的抽象。时尚在不断地对变化的追求中吸收各种新奇和传统的元素，而艺术因为其无功能性而可以产生并容纳很多奇特而引人入胜的形式。两者的结合可以说是一定程度上的必然，无论古典艺术还是现代艺术，都是时尚取之不尽的宝库。而艺术也可以随着时尚文化的传播而进行更加广泛的扩散。现在的时尚发布会，更像一次现代或后现代的展示，音乐、建筑、布景、环境、各类艺术作品包围之下展出时尚作品。如此高的集成度与消费性，带来巨大的传播效应。可以看到泳装内衣品牌“维多利亚的秘密”每年的年度发布会，变成了一场全球不可错过的流行文化盛典。已经很难说那是被界定为单纯的时尚、艺术或者传媒事件。

我们可以看到，在传媒驱动的消费社会形式的金字塔顶端，艺术与时尚在此聚齐，相互产生共鸣。互联网的驱使下，快速地变为数字化体验。在虚拟体验的应用场景中，艺术与时尚的跨界也必然展示出其无与伦比的吸引力。对于整个艺术与时尚的展示，虚拟体验可以超越现场空间、时间、光线等障碍，让用户直接体验一对一的场景及表达。艺术与时尚都极度善于集中最为强烈的表现力，而这也正是虚拟内容迫切需要的跨界内容的顶点。有了顶点的支撑，才有模式化效仿的对象与指导。对于艺术与时尚的模仿与理解，不仅可以帮助虚拟体验建立模仿的范式，同时也是社会进行模仿的对象。在一个平台与媒介上如果可以承载最为全息的社会范式，那这个平台也将变成社会信息呈现最大的舞台。

财经跨界

无论你是否意识到，财经永远是最先利用信息类科技的行业，并且可以产生巨大的经济利益。金融财经作为经济体系的金字塔顶端，不仅作为实体经济的客观呈现，还形成了巨大而复杂的财经市场，这个市场独立于实体市场运行，其中资产的庞大和结构的复杂超乎任何人的想象。那么如此复杂而庞大的体系就需要信息技术全面对其进行支撑，100 多年前，电报出现，就被金融市场应用到了股市报价机，实现了异地实时的价格同步，大西洋电缆让欧洲与北美的金融市场形成了更加紧密的联系。广播、电视、有线网络、卫星信道、移动互联网，不断发展的技术创新一个个都被应用到了金融财经领域，要知道金融街首屈一指的投资银行高盛银行拥有比 Google 还要多的程序技术工程师，应用最新的网络技术、大数据技术、人工智能技术进行金融财经的相关处理及交易。

虚拟现实虽然并不是核心信息技术，但是它带来的信息呈现层面的提升也是显而易见的。可以从电视及照片中看到，金融工作者面对 4 块甚至 6 块屏幕进行工作，而有效的信息罗列和叠加并不一定能增加工作的效率。金融财经作为跨界的存在，可以让虚拟体验的价值在最有“价值”的行业中进行充分展示，同时也能帮助金融财经行业解决信息过载、难以梳理、难以查找的“小问题”。虚拟场景中的现实能力，可以从二维的屏幕、多屏幕展示，扩大到空间中三维效果展示，多维展示效果带来的能力提升，可以帮助从业者更好地进行信息分析、整理、阅读与分享。

财经及金融信息虽然不像明星、艺术时尚那样多姿多彩，但一样夺人眼球。金融作为经济的呈现，同时也集成了最高的信息技术，在金融应用上的创新，必然能得到非常重要的认可，一定形成基于虚拟体验特有的财经信息模式并可以更好地帮助使用者，那么无论是对虚拟体验还是财经金融来说必然会形成突破性的跨界创新。

4.3.2 极度饥渴的内容产出：极致创意

特征性、趣味性的内容，与极致创业的产出是让技术真正与艺术与市场有效结合的重要一环。虚拟体验本身形式带来的信息在初次使用带来的新奇之后，就会逐渐消退。内容作为日常最消耗的信息，可以说是支撑整个平台的重点，也是巨大价值所在。就如同门户网站在互联网初期快速为用户提供丰富的信息而有效地占领了市场一样。

创意是内容传播中最重要的部分。极致创意会点燃整个体验形式，每个突破性的令人赞叹的极致创意将是虚拟体验产业市场落地的重要节点。最超乎意料的创业绝对不是仅凭策划人员的灵感，而是通过不断吸收技术、开发、测试、过往艺术形式与未来创意的结合，而如何有机地将各种内容黏合在一起，也是需要不断地尝试。

极致创意具有非常强的不可预料性，而在硬件不断完善的过程中，常规性的应用及内容会如雨后春笋一般快速发展，极致的创业和品牌也就是其中偶然中的必然。现在虚拟应用都是在借用平面软件时代的场景，通过虚拟空间展示来进行提升，而并没有一个极致的应用能把虚拟体验到底是什么、能有何种效果展示，为大家进行充分的展示和发挥。

越是在混沌初开的阶段，每一个经典的创意才能显示出其里程碑一样的价值。在手机屏幕上，更多的是需要平面设计、策划、动画的专业人才，而在虚拟场景中，不仅需要影视特效、后期的专业人员参与，还需要强大的实现开发能力进行支持，可以说虚拟体验的建立几乎调动了所有参与各种形式表现的从业人员，甚至连实体的建筑设计师、装潢设计师、服务设计等门类都集中到虚拟体验当中，各种电子、机械、信息技术、人工智能、人机工程，甚至生物医疗科技等尖端技术也汇集在一起。我们需要用建造现实世界的方式和人才才能真正建造出震撼的虚拟世界。而虚拟世界无拘无束的特点，可以放飞各类专业人员的想象力，能将真正未知神秘但却引人入胜的虚拟世界呈现在我们眼前。

4.4 5G 与大数据

第五代通信网络技术简称 5G。5G 的技术提升会为我们带来各种各样的网络通信能力的提升，而最重要的一点，就是会大大提高我们的移动通信网络的传输速度。现有的各类应用，包括手机视频播放，都已经可以在 4G 的网络下良好运行。那么我们需要全新的应用方式，才会最有效地利用 5G 网络强大的信息传输能力，从技术趋势及时间点上来看，虚拟体验必然会是 5G 时代最为重要的应用场景。

虚拟体验需要更高的像素和颜色精深来显示更加真实的虚拟世界，而越是清晰的视觉内容，实时传输需要的文件大小就会随着清晰度及分辨率的提升快速提高。于此同时，因为虚拟体验是 360 度全方位进行显示，那么其整体的可视内容也会比单独屏幕显示要大，也对应了视频内容的量的增加。巨大的数据流量传输的需求，就需要强大的网络传输带宽，和非常快速的相应速度来支撑。相信 5G 网络的信号一定会为虚拟体验提供巨大的支持。5G 新的技术的使用，必须有明确的应用及消费构架来支持，虚拟体验的体验足以让用消费者产生大量，连续的进行流量消耗，对于新的技术上马无疑是巨大的支持。无论是从流量的消耗还是体验的升级角度，虚拟体验与 5G 技术整合无疑是形成下一代体验计算平台的基础能力。

大数据在发展的过程中，从一个热门概念逐渐转变成为一种基础的服务型能力。在虚拟现实中，所有的动作、反馈、内容都被数字化，变得更加容易记录和分析。在现实的大数据工作，花了很大精力去将用户的行为信息化，收集并进行存储。之后再通过严格的数据脱敏过程，进行数据的清洗和分析，最终进行数据的应用。大数据在每个环节的应用，总是带来应用效率和精准度的提升。在虚拟世界中，如果不加管控，营销内容的呈现或大数据的精准追踪都会给使用者带来巨大的困扰。所以在处理用户数据的环节上，不仅需要每个应用生产厂家进行重点关注，还需要管理机构进行有效的规范与管理。

第五章

虚拟体验行业实践的路径

05

上一章节中，我们看到各种各样应用和内容的类型，各种各样商业模式的运作，那么本章就来讨论一下，到底谁更加适合参与到这个产业来，什么样的现有团队在哪些虚拟体验领域具有独特的优势，每个切入路径需要通过什么样的路径来进行。笔者本身从事的大数据也属于信息科技产业，通过创业的过程，也有一些在行业发展的观察和判断。通过行业实践的经历及策略，我们也可以对虚拟体验行业实践的方式有相应的了解。

随着 Google、Facebook 等第二波互联网浪潮的企业们纷纷有着不断延续的发展，并没有重蹈第一次互联网浪潮泡沫的覆辙，并不断投入研发出改变未来的科技产品，我们再一次感受到了风险投资、产业资本对整个科技产业的巨大促进作用。这种强烈的感受，来自于成为伟大事业的渴望，获得巨额回报的期待，实现科技理想的动力，及改变未来的梦想。各种理由和动机，随着资本真金白银的价码，科技行业再次变得鼓噪。

很多人成功了，很多人失败了，很多人成功了又失败了，很多人失败了又成功了。科技创业实践，成为了所有行业中最为激情和繁忙的一个。财富的传说，理想与情怀的激荡，智慧的闪光，公众的关注，这一切都是聚集在科技创业领域最被人关注的内容。但是在外表之下，创业与实践并不是一件非常简单的事情，需要大量的计划、准备、协调、运作、执行、竞争、妥协，而最终创业世界的结果，也不能明确的预计。在真正开始创业之前，一定少不了对产业切入和自身能力的彻底分析，本章节是对行业切入及定位的一个分析，希望能够对创业实践的参与者提供一些参考和帮助。

5.1 产业核心产品研发

在上文的商业发展的介绍中，着重介绍了关于硬件有关的趋势及要点，在本节里我们主要讨论关于如何整合并利用资源进行产品的研发。所谓的核心产品，主要就是指虚拟产品运行的主要平台，可以是一个头戴式的现实设备及计算机主机，也可以是一个包括空间在内的交互式系统，也可以是一个便携的增强现实眼镜。我们来按照我们可能切入的角度来进行分析，希望可以更加有的放矢地来让大家知道如何利用自己的特长及优势。

仪器光电及精密制造能力

虚拟体验设备是一个基于多种技术整合的应用平台，这个平台中集中了高精度的光学设备、重力及惯性感应装置、高速计算设备、多样化的传感器设备、声光电的反馈设备。除了计算设备及软件外，硬件的主要部分基本上都是仪器光电类型的现实或传感设备。

现在用来进行显示的设备中，主要有图像显示原件及光学原件组成。虚拟现实的头戴式沉浸设备上，最简单的就是 Google 发布的 Cardboard 及其技术标准。这个技术标准简单到只需要两块凸透镜及一个可以固定手机用的瓦楞纸板，就可将手机的屏幕内容转换成有空间视距的立体显示效果。这种方案支持了很多廉价品牌的众多产品，在中国的深圳可以看到众多外形很有科技感、未来感的廉价产品。但是我们看到，在一个注重用户体验的产品平台上，如此简陋的用户体验并不是值得重点关注的产品，Google 的自身也不会只止步于此。

新的技术一定可以不断地驱动产品的进展，而可以推动虚拟体验真正全面提升的技术能力，绝大多数还停留在大学研究中心及研究院的实验室中。在各类实验室的研发项目中，例如“超高分辨率显示屏”“视网膜投影技术”“精密光学仪器”“光导纤维投影”“超低功耗显示设备”等在市场上热门的技术类型，都是可以在虚拟体验设备的显示能力提升上有巨大发展的技术。从事相关技术的研发人员都成为可以提升行业的重要因素。

除了现实设备的技术储备，我们还需要众多的传感器设备。这些设备中，越高的精度就可以提供越好的使用拟真度的体验。而仪器的精密及准确度与仪器的便携程度是一对相互难以平衡的矛盾。在现有设备上面民用级别的传感器已经可以提供基础的位置感知及地位位置信心等指标，但其精度、反应速度、可靠性的增加都会带来巨大的成本增加和系统复杂度的增加。传感器本身输出的信号，很多时候也不能直接利用，而更多的需要在硬件开发、信号处理上有大量的积累和经验。在工业、军工、电子信息及消费电子等领域积累了众多高水平的研发人员，可以为整个产品的性能提升带来重要的支持。

计算研发能力

计算机图形学一直是计算机科学研究的重点之一。图形和图像的处理和现实，不仅可以解决与图像相关的技术问题，还是其他类型信息处理的重要技术支持。在中国的各大研究机构，均有众多的研究人员进行图形学的研究。图形学的研究领域十分宽泛，并不是每个领域都会对虚拟体验提供具体的帮助。

在增强现实的技术构架中，头戴式设备需要在眼前通过可透视屏幕呈现出的内容，是要与现实场景进行整合的。那么就意味着，需要通过头戴式设备的图形输入传感器组合，对于人眼前面对的空间场景及实物有具体的判断。这需要处理动态视频信号，空间超声扫描结果，并需要在空间内容中区别相应的对象，如桌子、天花板、地面等。只有让计算机可以识别现实中的空间和物体之后，计算机才能将虚拟的对象通过视频叠加的方式叠合在现实的场景之后。在这个技术的构架中，对于空间的识别、后台重建能力的要求要远远高于对于现实图形处理的要求。不夸张地说如果可以完好地实现这一能力，意味着计算机或者说机器人就可以理解其所处空间的形体及意义。相关的技术发展依然非常前沿，可以通过论文及专利技术的检索找到相关的专家。尤其关注每年的 SIGGRAPH 大会，是计算机图形学重要学术会议。

上文提到，虚拟体验内容的刷新速度决定虚拟体验的舒适程度，这一方面考量信息系统所用的传输能力，另一方面还要考量信息系统计算处理生成大量视频画面的计算能力。这些都是对于计算信号传输、软件处理构架及算法有着极高的要求。在满足了虚拟体验对于传输及计算处理速度的要求后，移动化的又会为计算处理提供更苛刻的要求。相关计算处理及算法优化能力的专家会在这个领域建立独特的优势，为产品的市场竞争提供重要帮助。

硬件集成制造能力

在上一段中降到的众多硬件及软件处理能力，需要很强的硬件集成开发制造的能力。不单单要在技术上完成整合，还需要在供应链、生产检验等方面有完整的经验。在这方领域，智能手机行业及智能硬件领域储备了大量专家。在中国的深圳，有着全世界最为齐全的供应链及方案体系。在中国也有着像富士康这种全球顶级的消费电子加工制造企业。这些产业技术都为下一代技术提升后的计算平台带来非常重要的支持。

市场渠道及行业结合能力

市场及渠道是依附于硬件产品的生态系统，好的生态系统运作更是可以对硬件市场的拓展提供非常好的支持。在家用游戏机领域，Sony 的 PlayStation 就聚集了众多的高品质的游戏，对这个硬件产品的价值进行了巨大的提升。

在互联网运营中，渠道的建立和运营是最为重要的能力。现有互联网的运营市场渠道，在快速地发展后，经历并购与重新洗牌，形成了现在寡头分立的情形，而经历过移动互联网市场渠道运作的专家及团队，也会在虚拟产业的运作中起到巨大的作用。产业结合能力更加看重运营者在相关产业的背景，比如地产、金融、旅游、教育。在与产业的结合中，不仅可以产生专业的运营渠道和能力，甚至可以通过与渠道的深度合作研发出行业结合的定制化产品。

在核心产品研发领域，一定会聚集大量在各个方面有重要技术及经验的高端专家人才。核心产品也一定是资本及市场争夺最为重要的领域。在核心产品研发领域，具备核心的能力是非常有重要意义的。而面对高强度的市场竞争，作为参与者我们也要充分的思考，可以独立研发产品，参与市场竞争；也可以通过技术平台化或者功能模块化，来为行业提供技术支持；抑或以自身的技术或运营能力，加入到行业领先的公司中去。

虚拟体验所涉及的核心技术领域，除了计算机技术以外，仪器光电学科的技术还是第一次被消费电子市场如此关注。在所有技术领域的专家技术人员，并不需要参与到所有研发生产环节中，只需要精专地突破性地解决一个技术问题，或者进行一次超越性的发明，就足以以此为基础，在资本的推动下，将其产品化推向市场。这个过程有可能相对漫长一点，会是几个月甚至几年，但是对于有强烈发展潜力的新平台，市场和资本都有足够的耐心去等待和培育。比如 Oculus、Magic Leap，都是在产品上市前就拿到了大量的风险投资，我们相信他们也一定具有在未来产生统治力平台应用的技术能力。

5.2 千变万化的应用与内容开发

应用与内容开发的领域有众多的开发模式和运作方式，在后面我们会对于每种方式进行简单的介绍。虚拟体验的研发，在技术层面需要测试、考虑很多新的东西，而在流程上面对于开发来说万变不离其宗，只有良好的开发流程，才能更稳定地对应用及内容进行研发。

这里所讲的流程可以看作一个相对理想化的流程，及可以由之生发出完整的开发体系，也包括从入门的虚拟现实 360° 视频制作相对简单的流程。对于现状来说，1、2、3、4 个环节中完成建立团队及开发能力是在一个内容和应用制作团队初期面临最为重要的事情。只有有了值得信赖的团队，才有机会进入产品的迭代阶段。开发流程可以不断地在 5、6、7、8 四个中循环迭代，通过不断地尝试，修改创意及开发实现的手法，来提升内容产出的质量。

1. 硬件平台选型

现在各类虚拟内容开发的环境都有差别，并没有统一的开发方式。这给搭建开发团队提出了一个新的课题：针对哪一个硬件平台进行开发，这个考量也是一个复杂的选择。在选定了硬件平台后，才能针对硬件平台所使用的开发环境，进行人才的招募及团队的建设。

单纯的 360° 视频展示虽然并不太受硬件平台限制，但是附加的体验和商业价值非常局限，真正有价值的内容一定是基于 VR、AR 设备的特征进行深入开发而产生的，所以长远考虑选择合适的平台至关重要。

2. 搭建开发团队

无论选定那个开发环境，有经验的开发人员在现阶段依然非常稀少，建立开发团队，都是大家一起摸索、相互培训。这个状况很像 2009 年到 2010 年那段时间，开发移动设备 App 的人员非常稀缺，有强烈的市场需求，很多 js、flash 前端开发人员迅速转型，在人才稀缺的市场环境中站稳脚跟。

那么这时候，对于大公司来说，其实想迅速建立高效稳定的开发团队，不是很容易的事情。小公司却有着转型灵活、学习速度快、实践速度快、横向沟通容易等各种优点。可以说，高质量的小团队在一个平台开放的初期是极具活力和竞争力的，如果能迅速在商业上以合适的方式站稳脚跟，那必将会有巨大的快速的发展。

3D 游戏开发制作团队、影视特效团队，在 VR 初期转型过程有着巨大的天生优势。

3. 配置开发环境

开发环境包括硬件和开发平台及硬件对应的 SDK 或者 toolkit。2015 年年底，不少硬件平台更新了开发 SDK 1.0 版本，这也预示着开发环境的成熟和稳定。这为开发团队迭代打磨产品和内容提供了重要的基础。

开发人员对于所需要应用的开发环境、开发工具和对应硬件及 SDK 的熟悉程度，直接决定内容和应用产出的质量、速度及体验。

可以预期的是，在硬件平台星罗棋布的出现，内容制作商和应用服务开发者逐渐成规模之后，对开发工作交流分享的论坛一定会兴起，而也许会有一家通用开发平台会出现，它的出现会大大节省开发人员在不同平台上重复编写代码及测试的工作量，能让团队更好地专注于创新和体验的提升。比如手机 2D 游戏的引擎 Cocos2D、3D 游戏引擎虚幻，可以让整体开发的难度大大降低。

4. 配置采集硬件

针对虚拟现实应用特点开发的一系列硬件设备，比如：360° 主视角视频采集设备、体态识别记录装置、全视角直播设备等，会对内容的开发提供巨大的帮助。体验的效果不再仅仅依靠程序开发人员用代码进行编写，会更加生动真实。基于 VR 互动反馈的收集和制作过程中动态捕捉的融入一定会有更大的体验提升。

可以参考动态捕捉技术对于影视合成效果的巨大提升。2016 年上映的电影《魔兽》中，吴彦祖通过动态捕捉技术饰演古尔丹，不过你无法通过影视特效处理过后的形象认出他。

5. 进行内容和应用的创意策划

在陌生的平台和环境里进行内容和应用的创意是一件非常困难的事情，仅有的例子只可以作为参考，对于一个日新月异的领域来说，创意也是每日更新。创意和表现力本身其实并没有完全严谨的流程能一定保证突破性的创新产出。那么换个角度来看，就需要来定义非常重要的策划人员，需要具备哪些能力和素质，包括需要了解的容易，来最大可能的为创意提供有效的依据。这些能力包括：

理解虚拟现实的逻辑，并用虚拟现实的思维去思考；理解技术开发实现的能力边界；理解过往应用体验，真实世界体验和虚拟体验的关联；了解虚拟现实内内容表现力物料的制作方法；了解虚拟现实原理。

推荐从事过人机交互、电影电视特效、游戏开发、策划经验的人士来担任这一职务。

6. 内容物料的制作或拍摄

在策划工作完成前，需要充分准备内容物料及数据，才能有效支撑开发，现阶段内容物料的准备和制作还处在摸索阶段，主要以 3D 建模及实景拍摄为主，但是如何将熟悉的建模和拍摄工作处理的结果输出到虚拟世界可用的形式，是各个团队结合自身能力需要自行探索的。

7. 开发虚拟体验及测试

开发及测试工作本书就不细讲，这个足足可以写一本 1000 页的技术类工具书，有机会在专门专著中再和大家讨论。

8. 内容发布

内容的发布可以参考上一章节中各大硬件平台，都有各自的发布通道，在建立开发环境时候，一般要现开设开发者账号，在对应平台上发布的工作，也是通过这个账号来进行。也可以关注在下一章论述中会提到的关于内容分发商业运作的部分，很多商业平台也会致力于建立类似 App 平台的分发渠道，在未来也是重要发布平台。

回顾过去各个平台内容策略及经历，我们可以看到，一个内容平台的质量，发展的节奏，开放性，对于开发和的帮助和支持，都是平台是否可以良好运作的重要因素。可以预见到各个内容平台为了争取优质能容，会花钱投入到开发者扶持的工作中。而选对了开发的平台，对于内容应用开发团队来说也是一件非常重要的事情。

如果能做出现象级的应用，无论在应用用户市场，还是资本是场，必然都会得到快速的热炒和追捧，那么整合了更多资源之后，必然可以带来更大的发展。即便是单纯作为一个开发代工团队，在未来的两三年内，一样会炙手可热，代开发的价格可以涨得很高，高质量的内容将会变成可以炫耀的奢饰品，被各大分发渠道、视屏网站、高端品牌及营销活动采购，并视作珍宝。通过展示这些高质量的应用来表现自己在虚拟现实领域的领先和能力，吸引眼球。

在了解了粗略的开发流程之后，我们来具体看看各种虚拟体验应用研发及运作的模式。在外国有像 NEXTVR、Vrse 这样的相对大型的制作公司，在中国内容创作的基于的平台发展本身就之后于外国，现在内容创作团队规模还都不大，所以需要精准地定位，快速通过几个标杆性内容建立品牌与市场。国内应用的发展状况同样是落后于外国，应用本身具有很强的垂直性，也需要团队进行不断深入的尝试，生成真正有价值的应用。

5.2.1 原创虚拟体验应用开发

以虚拟现实 VR 为引领的虚拟体验产品，通过全新的感知方式和能力，能激发对于现在我们习惯了的所有的用户体验和使用习惯进行颠覆，而这种颠覆，并不一定只靠专家和核心科技才能来推动，就如几年前智能手机的 App 开发的浪潮中，有一定开发能力的个人，即便是智能手机的沉浸使用者，也可以结合生活工作中的感触与灵感，定义和创意出一个全新的有价值的应用。

现在出现的虚拟现实产品和应用都很分散。在初期阶段，内容和应用场景的产生和创意，多是试探性和启迪性的，相互激励和激发的。最好的办法是去深入地了解虚拟现实的奥秘，即参与其中，和开发人员一起摆弄虚拟体验的设备，沉浸在已有的虚拟现实内容及实验室中各种尝试的 Demo 作品中，是真正能参与推动应用与内容进化的方式。

虚拟体验产品是通过更加本能和直接的直觉与人来进行沟通和互动，所以抽象程度更少，更加偏向直觉和感知，用户更容易有“感觉”。一个很大的特点是，很多人在用过、体验过 VR 的产品和内容之后，即便是走在路上，看着路上的户外广告，就会思考如果把广告植入虚拟体验中，那将摆脱传统平面广告古板无趣的体验。这种点子和想法，因为依靠的是本能体验，所以完全无需太多专业知识与训练，很多人只要结合体验过的虚拟场景的感觉，和自己关注的事情，迅速就可以产生想法。

可以预见到的很短的未来里，在虚拟世界中创造内容和应用场景，会变得非常普及和大众，门槛也会变得很低，并不需要像 App 设计一样，要严格遵循信息构架，要熟悉触摸控件的特性，而是需要通过如电影拍摄剧本一般定义，当我抬头向左看的时候，展示出来的是什么，或者对应的会发生什么，将场景中存在的物体，发生的变化，通过一个规范的方式，定义一个虚拟体验脚本。

笔者在香港理工大学学习人机交互设计专业时，用户界面远没有虚拟体验如此直观的方式，甚至连触摸屏都方兴未艾。在学习的过程中，交互体验的理论都是借鉴于莎士比亚戏剧理论。在设计体验的实践过程中，是先如编排戏剧一般，设计一个体验的过程，再将这些体验通过设计让用户在手机，网站或者各类设备上进行使用。好的设计一方面可以设计编排良好的体验过程，另一方面是运用高超的设计手法，让用户在受限制比较大的界面上，也能很好地获得预期的体验效果。现在的虚拟体验，可以一定程度上省去绞尽脑汁将体验塞进小小屏幕的过程，虚拟空间就是空旷的三维世界画布，而加上时间的流逝，即是完整的时空，与我们生活的现实世界的相似性，可以非常好地帮助我们设计和创造更好的应用。

自主开发虚拟体验应用的最大挑战在于其要求多方面的要素与能力在同时聚齐完成。对于市场的精准预测，对于产品的详细定义，良好的用户体验的呈现，优秀的平台合作伙伴，独到的推广渠道，这些工作对于一个初创团队来说，会非常具有挑战。而只靠优秀的产品和实现，在其他环节上出现了短板，在一个快速变化的市场中，会非常容易被超越。而新的应用平台上，开发出优秀的用户体验谈何容易，更不要说可以在应用推向市场之后，遇到的冷遇。在移动互联网产业发展过程中，很多应用公司，比如愤怒的小鸟的开发公司，就曾经开发了很多不被广泛传播的应用，而一直等到愤怒的小鸟的流程，才让公司真正获得成功。同样的故事依然会在虚拟体验的领域重演。而即便如此困难，在虚拟体验发展的初期，还是可以通过产于与运用的相互迭代，快速的占领市场，升级产品，占领空白市场。这种机遇在移动互联网应用开发领域早已不可能发生，而新的希望和伟大的公司也许还并未成立。在一个平台的拓荒时代，小团队快速的行事风格、简化的公司管理和决策流程，都对快速产出不断试错的产品有着巨大的帮助。令人震惊的应用及创意，一定出自于这些小团队。这种创造力是现有大型互联网公司及应用渠道公司并不具备的。渠道、商业模式是可以复制和迁移的，但是应用不行，一定是靠着敢于去参与到原创应用开发里面的去创新，这些原创团队也会享受最大的价值回报。

5.2.2 外包开发与制作

我们前面介绍的原创应用的开发，整个过程非常复杂，有非常多的不确定因素，虽然应用成功后会获得巨大的收获，但是并不是每个原创参与者都能获得预期中的成功。在有稳定成熟的团队可以有效地执行开发工作的时候，参与到外包开发的方向，在行业应用需求迅速扩大的阶段，绝对不失为一种非常好的选择。

我们回顾在移动互联网应用刚刚开始流行的时间里，无数的公司都有开发 App 的需求，包括很多互联网公司，甚至创业公司，都来不及建立独立完整的团队，就开始选择与 App 外包开发团队合作。一时间洛阳纸贵，优秀的外包开发团队档期都排到了 1 年以后，很多优秀的程序员，通过零星的兼职工作，都可以挣到可观的收入。很多网页前端开发人员，都迅速地通过技术的学习，进入到 App 开发的领域。

以此来看，虚拟体验的开发，也一样会经历这样的过程，而虚拟体验内容开发的成本，在早期又远远高于现有任何其他的应用形式，开发团队所需要具备的专业素质和规模，都不是简单的 App 外包兼职开发团队可以胜任的。在内容迅速扩张的初期，无论是直接参与应用与内容的开发与制作，还是通过研发一种解决方案，提供给内容生成方或媒体，还是进行更加容易的虚拟内容制作，都会有非常多的机会。

对于直接参与开发与制作，必然会遵循最为常见的市场规律。在开始阶段通过几个重点作品获得口碑，订单纷至沓来，在早期市场价格不透明阶段，依靠高质量的开发能力获得较高的市场价格，服务供不应求，不断地通过增加人手来扩大规模增加产能。与此同时，在利润可居的驱动下，更多的开发团队成立起来，通过较低的成本及投入，以低的市场价格提供一般质量的服务，来冲击之前建立起来的价格体系，改变市场供求关系。这时候外包开发团队面临第一次转型，一方面可以通过整合更多的服务，如设计策划、运营管理、应用内容推广等，形成一个完整的应用上下游服务链条；另一方面就是基于过往开发的经历及对市场的判断，从一个开发服务提供商蜕变成原创自主的应用开发方，独立发布应用。这两种方式的选择都需要基于团队的属性经验及在已经经历的过程中遇到的机遇来进行决定。虽然外包开发看似不如原创的应用开发有巨大的市场想象空间，但是外包开发是一种更加稳健的发展路径，可以让团队在找到真正合适的方向前，可以不断进行开发的实践，从而积累大量的经验及一个经验丰富的开发团队。在进行开发服务的过程，也就是孵化探索自身应用的过程，除了执行开发以外，在产品与运营方面的人才及积累也是一个过程。即便不走原创应用开发的方向，做成服务链条整合开发商，也有着巨大的前景，现有国内外很多上市公司都是做系统开发集成工程业务，同样可以获得社会的认可和价值上的回报。

除了直接参与制作与开发，同样可以进行开发方法及工具的输出。这里的工具指的并不是技术层面上的开发工具，而是只主要为内容生成及处理提供的整合方案。

可以预见的是，现在各项内容均会在虚拟体验中以新的形式呈现出来，如文字、图片、视频，而虚拟体验最为擅长的就是各种类型的直播和现场视频录制。虚拟体验的录制和直播，需要连接很长的技术流程，没能简化到让任何普通人都可以简单易学的进行操作。参与服务团队可以形成高水平的直播能力及录制能力，提供外包服务，同时也可以提供整合后的集成化易用的产品，让每个人都可以像进行视频直播一样，自主进行直播互动。单是生成一个这样的产品，就已经足够风靡市场，让公司成为尽人皆知的品牌。

在外包开发工作中，虚拟世界内容的建立，是一项非常大工作量的任务。在平面媒介上，信息呈现最复杂的方式就是图片及视频，而在空间中，对应的就是空间立体的场景物体，及进行中的互动场景。场景及物体的建立，最直接的方法都是依靠于设计师进行 3D 建模，而用人工的建模的方法非常低效，而且显示效果的水准，完全依赖建模人员的专业能力。

在这个环节上，技术的价值又再次突现出来，相信有些团队已经在实验，通过扫描设备，将物体直接生成虚拟数字资料，不再需要人工设计建模。也会有环境扫描设备，通过在环境中架设扫描设备，通过声呐、红外、图像信号处理等技术，将环境也扫描生成虚拟对象。如果可以做到这些的话，整个从现实世界“进入”虚拟世界的门径将会真的被打开，通过各种扫描设备进入虚拟世界，再通过 3D 打印，可以将虚拟世界的对象带到现实世界。这听起来和外包开发的模式有点距离，不过要知道影视制作中的特效公司，就是通过各种先进技术来承包各种影片的制作合成工作，比如动态捕捉技术，可以让卡通形象按照被采集者的动作进行活动。而在虚拟世界中的扫描设备，是可以让虚拟世界迅速地成为真实世界的模仿，完成真正的虚拟世界与真实世界的跨越。

总体来说，外包开发虽然并不是看起来最为伟大的创业方式，但是却非常有机会能在虚拟体验发展过程中，占据有利的位置，并有机会进行更好的转型和发展。但是这也并不适合所有团队。外包开发中的管理、商务、培训、招聘等一系列复杂琐碎的管理工作是让外包工作持续稳定的对质量进行保证的基础，而这些执行工作并不轻松。即便团队在创立初始的目标即是创造伟大的原创虚拟体验应用，在发展过程中，为了保持团队的持续成长，进行外包开发工作的承接也是情理之中的事情，众多著名的互联网团队都曾经有非常相似的经验。

5.2.3 营销驱动的开发

虚拟体验带来的全新的热点，是市场营销最为喜爱的新奇热辣的概念与形式，在受众更多的关注虚拟现实应用的时候，营销型的虚拟体验开发也一定会成为成长最为快速的应用方式。各种各样新奇创意的营销应用，很多时候可能会对虚拟体验应用的方向影响。

在互动营销领域，新的空间、新的概念、新的视觉效果、新的传播性、新的策划，这些“新的”元素，可以为营销提供非常好的媒体及受众关注。营销的核心驱动力是策划，策划团队的能力及概念可以非常快速地随着趋势及这点改变，而营销团队中技术开发人员的开发方向是无法跟上策划概念的变化和升级。在虚拟体验出现之后，一定会有专业的外包团队来承接营销需要用到虚拟现实内容的设计开发。

营销内容本身也带有很强的趋势性，品牌很多时候愿意尝试相近的营销手法，这也给虚拟体验营销提出巨大的挑战：如何能在不重复的前提下，充分地将应用的创意与品牌结合在一起。营销过程中，我们看到有很多的策略和手段，虚拟体验都可以对其做更加真切的展示。比如在社交媒体中流传的产品设计图纸和一尘不染的工厂照片，可以引起消费者强烈的兴趣，这些内容通过虚拟体验呈现会是更加真实的感受；再比如明星代言产品，如果可以深入明星的生活，一起来体验明星是如何使用该款产品，而不是简单地看到一个广告，那么一定也会对消费者起到更大的促进作用。很多产品通过赠品的方式来让用户提前使用，这种方式仅仅适用于日化产品及食品，而在虚拟体验中，其他的如服装、家居，甚至汽车都可以进行在虚拟空间中的“试用”“试驾”，让消费者先获得使用体验。营销的内容非常多样且时效性强，不同的时间有完全不同的内容及创意，这也是营销来吸引消费者的原因，相信在此也例举穷尽。

在营销虚拟体验的发展一定符合任何新的营销方式出现时候经历的发展过程，品牌及营销运营者要非常清楚应如何对待它。在开始阶段，随着虚拟体验产品市场的渐渐普及，会有零星的前卫品牌开始尝试虚拟体验营销，这时候创意、策划、实现能力都很弱，消费者也缺乏对内容的认识，营销内容几乎没有竞争者，一旦有高质量的创意完成，就会造成非常好的传播效应，甚至会被当作行业标杆。随着虚拟营销的快速热络，会有大量的品牌愿意进行尝试，创意与开发的需求会迅速暴涨，而消费者也乐于不断的尝试新的虚拟体验。在这个过程中，有品牌形象重塑和洗牌的机会，本身定位不具优势的品牌，可以在虚拟体验趋势中抓住机会，通过与最新科技的结合营销，大幅拉升品牌认知水平，让消费者进行品牌的重新认知。之后虚拟体验营销会出现创意抄袭、数量泛滥等问题，而之后最为有创意和质量的营销内容才会获得关注。最终随着热度的回落，虚拟体验营销成为必备的展现形式之一。整个过程快则 3 年，慢则 10 年，可以参考网站营销、社交营销等不同的营销趋势的发展过程。这个过程中蕴藏的营销机会和价值就靠读者自己去探索了。

5.2.4 用户产生的内容 UGC

在社交网络与个人媒体充分发展的今天，用户产生的内容 UGC（User Generated Content）成为了超越传统媒体的最大信息内容类型。从网络论坛出现，帖子内容不会再如同聊天室信息那样易容丢失，大量高质量的图文内容、小说、讨论迅速在网络上进行沉淀。经过发展出现的博客，至今还有大量使用者和信息沉淀。我们可以尝试在搜索引擎中搜索一些相对生僻的信息，很多时候会在一些个人博客和论坛中找到回答。在经过发展，个人的主页变成了个人的媒体屏幕和出口，互联网分享机制让个人信息在其他个人之见迅速流动，形成了新的媒体通路和信任关系。这种信息链路的改变，实际上是网络信息逐渐区中心化的特征，在这个过程中，传统媒体不会消失，范围其公信力得到了更高的认可，于此同时，个人内容的展示变得更加多样化。

我们看到，从个人博客，到社交网络、社交媒体，到 Linked In、Instagram 一类的垂直个人内容媒体，再到最近火热的个人视频直播，都是不断在强化个人内容的价值与重要性。对于个人媒体，一方面通过展示内容多样性与技术的提升，可以从文字到照片视频，最后到实时的直播；另一方面通过建立社交群落，让信息可以更快地传播。我们看到，驱动内容升级与传播的核心因素就是内容的特点和水平。

个人虚拟体验内容的制作，比个人视频的制作更加复杂，相关的硬件成本与调试难度也更大。同时虚拟体验个人内容，也不可以不仅仅是生活图像的记录，还可以在虚拟空间中，进行各种复杂的互动和展示。而直播过程中，绝对不仅仅是一个人就可以完成全部工作。在视频合成与配合上，即便是网络上遍布的视频直播间，也需要特定的设备，以及配合人员来进行视频合成和运营的工作。

虚拟体验可以呈现的，远比视频直播要丰富，我们可以看作是个人生活的记录和还原。在旅游、潜水、冒险和极限运动领域非常风靡的 GoPro 相机，就是作为现场实时记录设备存在的。为了生成高质量的虚拟体验内容，我们需要多台摄像机的记录，还会有复杂的拼合过程。这些工作作为生成内容的个人，是无法靠自己的技术能力去解决的，需要上文提到的技术解决方案的提供者和内容承载管理的平台。就如同在网络视频刚刚流行的年代，Youtube、优酷、土豆这类网站负责承载众多的 UGC 视频内容，让视频的内容的保存和传播有了重要的媒介。而社交媒体全面发展之后，视频内容也被集成到了个人信息当中，甚至用智能手机就可以很容易地将随时随地拍摄的视频内容发布到社交平台上。未来只要在采集设备允许的情况下，虚拟体验的上传可以很容易地形成这样的使用流程，方便普通用户来分享。

UGC 虚拟体验的发展离不开平台的推动，现有的视频平台与社交平台就是最好的内容平台。加上现在国内火热的视频直播领域，形成了从个人社交化到自媒体的 UGC 内容体系。UGC 让我们有了更多的内容选择，只有 UGC 内容全面发展起来，才会有更多用户参与，也会产出更多的有趣的内容。UGC 内容巨大的体量与市场甚至可以全完带动虚拟设备的普及。

5.2.5 教学内容生成

虚拟体验用来教学可能是很多人第一个想到的垂直应用的方式。在网络教学直播中，一以为物理老师曾经在一个小时内拿到上万元的付费点播收入，由此可以见得远程教学教学的需求和价值。教育培训市场，尤其是以高考、托福、雅思、GRE，及近年来的 SAT 考试为核心的考试培训教育，早已经形成，出现像新东方这样的优质上市企业，而其他的素质教育，学前教育的培训机构和项目也如雨后春笋般出现。教育消费市场本身也有着非常良好的付费习惯，优质的内容不但可以产生关注的流量价值，也一样会带来财务价值。网络授课最早在美国的大学中开始应用，在中国第一次是随着 2003 年非典型性肺炎的中小学停课，而第一次走进老师和学生视野中。现在的在线课程种类多样，多为考试辅导类型，和技术培训类的课程，因为不会受视频显示效果的制约，而素质类、实践类的课程较少。在虚拟体验中，不仅能更好地进行相关的考试课程培训，通过技术的优化更好地进行现场直播、例题展现、解题示范、现场辅导等工作，还可以通过全景虚拟体验，来实现很多复杂过程的体验式教育，如演讲、劳动生活技能，甚至音乐演奏等。

如此广泛的教育内容市场，需要能将名师课程转换成虚拟内容的团队，也需要将内容快速传播和分发的平台。在这两个层面上都有着巨大的机会。教育内容制作与组织，意味着优秀的课堂不再人满为患，也不再需要巨大的教室或者礼堂，甚至不需要学生准时到场。虚拟体验收录设备可以完整地记录下课堂内容，并制作成可以通过虚拟体验设备观看的内容。全景的虚拟现实方式呈现的课程内容，也会比网页的视频内容沉浸感更强、更加专注。各种各样的内容与知识的课程不仅仅局限在考试辅导的课程，各种学科的名师与专家都可以录制上传课程，甚至可以由用户自主录制上传的课程。传播平台也是非常重要的一环，现有的教育机构应该迅速建立自己的内容库的积累，与内容播放传播的平台，这个虚拟体验的内容沉淀也解决了很多培训学校教师资源流动性大的特点，让教学不再是一个不可再现的、与老师绑定的资源。而平台化的传播能全面地优化各种教育资源的配置，让渴望学习的人有更多的机会获得良好的教育。

5.2.6 版权保护

内容的生成必然意味着版权的产生，而与文字、图片视频不同的是，虚拟体验的内容更为多元化，互动更加丰富，甚至难以取证、难以监测。对于一个内容类型和行业的发展，如果不能把住版权管理的关口，会对内容制作者本身造成巨大的伤害。其他内容类型，版权更多的是对于创意和内容的保护，在虚拟体验中，除了创意与内容的价值，开发虚拟体验内容所要付出的成本远远高于其他形式的内容，被侵权所造成的损失也越大。

虚拟内容审核、备案、取证、监控等环节都有着各种暂未定义的领域，而对于内容的管理也是重点之一，需要建立相对完善的备案与审核制度。无论是平台审核，还是主管部门备案，都需要有明确的处理方法和规则的界定。只有规范的制度才会有更多的人投入到各种优质内容的创作中去。

5.3 产品与内容的渠道商业化

用户如何获取应用及内容，是每个平台发展初期的特定问题。为了解决这个问题，我们会建立内容的下载渠道，甚至会形成基于内容讨论与分享的社交网络。在这种渠道中，我们可以搜索到各种类型的应用。而这个下载渠道，也变成了各种类型应用孵化、推广的重要平台。在智能手机 App 快速发展的过程中，出现了很多的下载渠道，获得了巨大的用户流量和商业价值。在经历了下载渠道建立的过程之后，在虚拟体验领域发端的阶段，下载渠道一定是一个争夺非常激烈的市场。

在虚拟体验发展的过程中，VR 虚拟现实会率先进入快速的市场覆盖的阶段，VR 的应用分发渠道也就成了激烈竞争所在的地方。在这个下载渠道进行争夺的有几股势力，第一种是来自于硬件产品本身的下载平台，这个平台可以提供基于这个硬件的各类应用；第二种是第三方平台，如同智能手机领域的 App 下载站，虚拟现实领域也一定会出现大量的下载平台；第三种是过往的下载平台，转型进入虚拟现实领域，包括现有的 App 下载平台、视频平台，都会进入渠道领域的争夺。

在渠道市场争夺的过程中，三种角色的策略也并不相同。第一种基于硬件的下载平台，主要起着服务硬件，提供优质内容的作用，市场的占领基本上是随着硬件的覆盖而形成的。第二种和第三种的下载平台，一种是直接基于 Google 开放硬件标准的环境提供应用下载；另外一种也可以覆盖不同硬件标准，形成统一的下载渠道。后面的需要投入的精力和资金要比第一种大很多。在拥有了足够的内容存量后，下载分发平台还要比拼知名度、活动与互动程度、社交论坛的活跃度、战略合作能力等。最后，现有的分发渠道希望通过自己的知名度，来进入这个新的市场分一杯羹，但一样需要拥有足够多的有效的内容与应用，否则单独靠现有品牌认知力和流量，是无法有效地转化成真正的虚拟体验用户的。在虚拟体验领域，内容分发与应用下载基本合为一体。内容分发类似视频网站，把各种虚拟体验的内容出去，作为创业团队，带有制作能力的内容分发平台是最容易开始的，所以我们现在也看到很多虚拟现实视频分发的平台。但是最终还是会落到应用与内容整合的渠道上来，而应用孵化和开发者生态经营并不是简单的创业团队可以完成的。最终渠道的形成，还是会基于不断的市场竞争和收购整合。现在这场渠道的大戏还并未开演。

我们可以看到，虚拟现实 VR 与增强现实 AR、MR 有着非常相似的应用特性和技术基础，从开发应用运营推广的方式也将一脉相承。对于虚拟现实 VR 这个最先进入市场的产品来说，在推广运作中形成的分发渠道，有着巨大的价值。这些分发渠道不仅承载了虚拟现实 VR 内容价值体现的工作，同时也必然是未来包括增强现实 AR、MR 等下一代虚拟体验产品的分发和推广的重要通道。这个通道的建立依仗于优质虚拟现实 VR 内容和应用的分发，通过建立品牌和使用习惯，抓住用户，为后续的多种虚拟内容的商业运营提供渠道。分发渠道在内容产品上的价值，我们不必多说，可以了解智能设备应用 App 和游戏分发渠道，几乎挣走了整个行业盈利的一半，在虚拟体验领域，虽然不会重新上演完全一样的剧情，但是分发渠道的价值依然不可忽略。

5.4 对接现有商业

不知从何时开始，互联网商业与线下现有商业变成对立的两面，这种对立从王健林与马云赌局的火药味中略见一二。时至今日，已经没有多少人记得赌局的内容与筹码，但是每个线上商业的运营者都一定会思考线上商业的冲击，以及如何通过线上商业的发展来促进现有商业的运营。

线上商业通过快速的网络传输、高效的信息呈现、丰富的信息与评价支持，让消费者可以在没有见到真实物品前就可以进行购买的决策。线上商业的整个流程就好像针对线下商业一般，每个特点都准确地瞄准了线下商业具备的问题。线下商业本身被空间、产地、地理位置等因素制约，无法快速改变以应对商业方式的变化。这两者的不匹配在虚拟体验中被很好地对接在一起，虚拟体验本身就是数字内容和信息，可以具有一切线上商务的优势，同时因为虚拟体验中的场景和感受，可以非常逼真地还原真实现有商业的形式。所以虚拟体验会是将两者进行对接的最好形式。

可以进行对接的行业和产业十分的丰富，线下商业也可以不再完全依靠线下的店铺进行经营，更好地在虚拟空间与现实空间中进行互动，将“线下商业”的概念转变成“场所商业”，这里面的“场所”包含现有实体商业，也包含将要出现的虚拟体验。具体的商业对接方式，不仅是对商业服务方式的再次定义，也是对于现有商业价值的继承和发展。现有的网络信息基本上已经覆盖了商业中商品和服务的所有部分，以网络内容的抽象方式进行展示，而虚拟现实恰好能让这本身就是统一种类的商业融合为一体。我们现在还未可知每个行业具体如何来融合，需要每个行业的从业者和创业者在实际商业中不断地进行探索。

5.5 创造新的商业模式

虚拟世界的规则还远未建立，从技术的角度向未来看去，还是有很多可以预测和期待的发展，虽然不能全部尽览，但是可以看到主要发展的内容。而基于虚拟体验的创新商业模式，就无法通过现在的预测来把握，只有等我们有机会全面沉浸在虚拟世界中，才有机会去发现与创造。

商业模式的基础，在笔者看来，主要分为两类，一类是供应商的角色，无论供应的是产品制造，还是服务的提供、网络产品的提供、虚拟体验的提供，都属于供应商角色；另一类可以称为贸易商角色，通过购买再卖出服务、技术、产品等可以估价的商品进行盈利的商业。这两种商业基础的形态，可以相互组合，也可以独立演化，在不同的场景和行业中，服务不同的市场，形成特定的模式。最有可能基于虚拟的平台创造商业模式的人，是一出生就可以接触智能设备的人群、曾经在大型网络虚拟空间沉迷的游戏玩家。这些人对于世界所有的理解与认知都离不开智能信息设备的辅助，甚至都是通过智能设备获得的，他们通过网络游戏体验过在虚拟世界中畅游的感觉，对于如果在虚拟世界中社交、工作，有着直接的感受。如果一个人正式接触信息内容产品与服务的时候，就是从网络、智能设备和游戏虚拟世界中开始的，那么一定可以深入透彻地理解在虚拟世界的价值规律和机遇。虚拟的网络世界与虚拟现实，虽然表现的方法不同，但是呈现出的信息价值，是可以非常容易进行借鉴的。

虽然现在觉得在一个虚拟空间中产生价值，在其中生活并不一定被大多数人接受，但是如果真的了解网络游戏和手机游戏，就会发现无数的人通过在游戏世界里打工、战斗、社交获得了超过现实世界的体验和满足感，同时也愿意支付大量的钱在游戏中购买相关的虚拟道具，这些道具都是可以在现实世界中直接流通变现的。一个好的网络游戏，不仅会提供优秀的游戏体验，还会提供对游戏中物品的保护及定价，形成重要的价值保护，以让所有人认可他的资金投入的价值与稳定性。这仅仅是一个网络游戏的价值生态的操作方法，而在更大的商业运作领域，一定要紧紧贴合平台特定和用户的消费心理，紧紧把握消费者和市场的心态。

5.6 培训与教育

我们认为，从行业发展的过程来看，在初期阶段，内容传播、社区、投资和培训是最快热络起来的方向。而行业整体产能，在初期没办法快速进行内容和应用复制的情况下，取决于从业人员保有量决定的内容产出能力。行业发展速度的预期与体量的定义主要关联与投资驱动水平，资本密集的进入虚拟体验领域，并且在业务没有具体开展的情况下，给予了很高的公司估值，这意味着对未来可以有着非常明确看好的预期，并认可虚拟体验行业在未来信息经济中的地位。

我们知道，资本的流动快于我们人类社会中任何一种信息内容，在给予信息系统的资本市场上，每天万亿元的资金如闪电般通过电子讯号快速流转。投资领域虽然不像股票市场那样快速而复杂，但是资本在嗅到价值投资的机会时，可以顷刻间集中天文数字的投资体量，集中在下一个风口。我们对于资本的敏锐和能量一直怀着敬畏之心，创业者在市场和研发的决斗中依靠资本的力量一剑封喉，将长期竞争对手并入麾下的例子比比皆是。而从现在虚拟体验发展的状况来看，还远未达到需要依靠资本形成最终的统一市场的阶段，而是要依靠资本，将技术、产品、市场拓展的过程加快，行业的竞争体现在对新的发展趋势实现的速度上。上面提到资本的快速投入的能力，一旦在任何一个项目中，产生了在未来可能产生的绝对竞争优势的能力，那么一定会有投资机构毫不犹豫地进行资本支持。那么问题是，在拿到资本后，如何快速地将资本转化成实际执行的能力？需要靠的就是高质量的人才来完成落地产业。资本是快速灵活的，在投资收益可以预测的情况下，可以以 10 倍、100 倍的体量进行投入，而行业人才很难一步到位地增加 10 倍。行业的真正发展速度，其实被行业的从业人员、人才和专家的增长速度来决定的。任何一个行业会快速拓展与发展的行业人才分布，基本上都是金子塔的结构，专家及高水平的人才处在金字塔顶端是少数，而大量基础一线的执行人员，处在金子塔的底部。我们需要通过培训及教育来快速建立人才梯队，只有人才跟上，产业才真正地把大笔的资本投入转化成行业产业价值。从我们前面的介绍中，我们有理由相信虚拟体验产业必然是一个长期发展的行业，不会像运营型的互联网趋势一样快速地兴起或衰落，那么我们就一定要通过培训及教育建立起完善的人才梯队，这是对整个产业发展的重要保障。

所谓培训，即是指通过培训机构进行授课及实操训练，获得特定的技能。尤其在中国过去的 20 年中，出现了各种各样的技能培训机构，它们中的很多都获得了巨大的成功。以新东方为标杆的语言考试百家争鸣，到以北大青鸟为代表的计算机培训，到各类职业技能如网络工程师、电信工程师、厨师、美发、挖掘机驾驶等的培训机构。这些机构为过去 20 年的市场化经济发展的各个领域输送了数以千万的职业人才。作为现有义务教育及高校教育体制的重要补充，可以非常精确地进行技能培训，与实际的工作需求无缝对接，并且培训周期短，可以快速有效地进行人才的输出。培训还可以兼容没有知识基础的学员，分期分批进行不同程度的技能强化。同时还能快速地对接行业人才的需求，一方面满足就业需求，另一方面保障行业发展。在解决短期人才的需求上，培训的方式可以快速地完成短周期的供应，配以职业技能认定及与用人单位的直接沟通选拔，可以形成快速的人才通道。

教育更多谈及高校的教育体系。对于一个产业来说，短期的人才缺口不是学院体系教育可以立即解决的，也不应该成为高校教育的目标。高校教育以其全面的素质培养、扎实的基础理论知识及丰富的实践机会，来培养学生的独立自主思维分析能力和体系化知识系统。高校体系培养出来的人才是有系统化发展能力，可以不断自我升级，并通过理论、实践及自身探索来推进产业的发展。对于一个产业方向，不仅需要具备操作执行技能，更重要的是要有扎实的理论知识。对于虚拟体验产业来说，计算机科学、信息理论、认知科学、人机交互等学科就成为了系统化知识理论的重要组成部分。东方的体系化思维 (Holistic Thinking) 及西方的分析推理思维方式（Analytic Thinking）都需要有扎实的系统知识基础作为依托，这种思维方法及方法论的习得，只有在高校进行过长期的教育才能形成。对于高校教育对接产业最为困难的地方在于，我们无法快速有效地形成教育知识内容的体系，就无法快速建立对应的高教专业。比较可行的方式是在现有的高教专业的专业课程基础上，增加对应的补充性的专业理论课程及实践内容，让学生可以在未来有自行深造的知识基础。

对于产业，从学生、从业者及雇主的角度上来看，培训及教育的意义也非常重大。

从毕业生的角度来看，现有的毕业工作岗位相对成熟，但是竞争非常激烈，如果能投身新兴行业，不仅能获得更好的就业空间，还可以在新的领域更早的介入，超前布局自己的职业规划。计算机、软件工程、电子信息、自动化、仪器光电等工科技术专业的学生，可以通过培训进入到虚拟体验软硬件及应用开发的领域；工业设计、艺术设计、信息设计、服务设计、影视制作、影视编导、新闻、文学等艺术文化类的学生，可以参与到虚拟体验内容的策划、设计、制作和推广的工作领域中。

对于科技信息领域的现有从业者和影视制作的从业者来说，也可以通过快速的培训，结合自身能力特点、经验、市场及管理能力，在虚拟行业快速发展过程中，找到适合自己的位置。新兴行业必然带来发展的红利，从个人的发展及收入水平，都可以得到非常可观的提升空间。

当然，其他职业和行业背景的学生及从业者，都可以结合自身的能力和兴趣，通过自我的学习、实践及相应的培训，在新的行业寻找自己的独特价值。

对虚拟行业的创业团队及大型机构的雇主来说，人才会在很长一个阶段内成为一个巨大的瓶颈，并不可能完全解决。短期内在行业内进行人才的流动可以进行一定的补足，但是长期来看，人才储备及孵化的能力才是持续竞争力的基础。单纯依靠从其他公司聘请高水平人才的方法不但会使人力成本提高，而且企业文化、技能水平都会变得良莠不齐。在行业发展初期就与培训及教育机构保持良好关系的企业，在长久时间内一定会获得更强大的竞争力。

最后对于培训机构及高校而言，新型的职业能力需求一定是最为热门的市场需求方向。培训机构可以通过对热点的快速捕捉，不断提升自己的业务；学校并不是以营利为目的，而科研水平的积累并不是一朝一夕的工作，任何一个学校及院系，需要在一个专业方向长期的、尽早的开始进行学术积累，并与产业深入合作，才有机会打造新的学校及专业特色和学术影响力。

第六章

虚拟与现实带来的冲击与思考

06

从商业角度来看，虚拟体验是将要发生的巨大机会，会给人们的认知、生活习惯、社会社交、伦理道德、法律、政治等各个层面带来冲击。很显然，在虚拟体验技术没有被充分应用之前，没有人可以预料这个技术所带来的改变。而商业和投资发展领域，对于虚拟体验被全面应用所带来的变化和冲击，基本上也是没有任何准备的。笔者虽然可以预见到相应的冲击会存在，但是也没有办法完全想象到实际冲击带来的后果，只能通过相应的影视作品来为大家展示相应的变化，也希望用看电影的形式来与大家进行一些讨论与设想。同时也相信每个人对这些问题，都有自己的思考，所以笔者会以电影评论和延伸思考的方式来表达自己的观点，读者暂且可以从重温影视作品的角度进行阅读，也希望大家可以有自己的观点，期待未来与各位交流。

6.1 矩阵中的角力——虚拟与仿像

《黑客帝国》——当虚拟世界替代现实世界后人类该何去何从

电影《黑客帝国》的海报
（来源：http://www.warnerbros.com/matrix ）

热门电影《黑客帝国》三部曲有着震撼的视觉效果、蜿蜒的情节故事和深刻的哲理讨论，无论在电影的角度还是哲理思维的角度，都被奉为经典。除了电影艺术的造诣之外，这部电影讲述的是在一个完全虚拟的世界中，由一小群脱离虚拟世界的反抗者通过斗争将人从被禁锢的虚拟世界中解放出来的故事。影片中呈现的虚拟世界的样貌和体验十分真实，让人完全无法分辨，以至于绝大多数人一生到死都无法分辨。我们对于电影情节的冲突与进展并不关注，主要关注的是电影呈现出来的虚拟世界的景象和虚拟世界对人与社会带来的冲击和改变。

《仿像与模拟》（simulacrum and simulation）是法国哲学家、现代社会主

义思想大师让 · 鲍德里亚（Jean Baudrillard）的一部关于现实、表象、符号、意识形态、权利与社会的哲学思辨著作。作品中复杂而艰深的概念十分难懂，但又充满吸引力，其表达的艰深导致英文译本的可读性非常低。鲍德里亚对于后现代、社会消费及媒体的思考为整个后现代社会定义提供了参考。笔者在研读研究生学位时，鲍德里亚的《物体系》《消费社会》都是设计学院社会消费产品理论的重要参考资料。鲍德里亚对于后现代的定义："后现代则是一个由符号、代码和模型控制的模拟的时代"在《黑客帝国》中得到了完美展现，虚拟世界以标准的后现代的方式呈现在观众面前。影片编剧就曾经深深被《仿像与模拟》书中所提出的思想所震撼，并尝试通过电影这种最为精炼直接的艺术语言对其核心理念进行阐述，包括影片中众多符号化意义的使用。从哲学角度来欣赏，虚拟体验及虚拟世界是一个完美的后现代社会形态的呈现，但也会发生后现代社会发生的问题。

如果像电影中描述的那样，世界产生了破缺与漏洞，从而导致世界的崩坏，相信醒来的人最难接受的不是物质上的变化，而是自己崩溃的世界观。相信会有很多人不能分辨哪个才是现实，还会有人以各种方式企图离开"梦境"回到"现实"。这种现实的错乱感始终贯穿在另一部影片《盗梦空间》中，一直到结尾处也并未解开谜底。

"我们现在是在哪一层梦境？"

"我们现在回到现实了。"

"不，我们依然在梦里，我们还要继续醒来。"

每一个观众除了对于电影结局的猜测，相信都会曾经问过自己，我是否也是在梦境里。

真实的虚拟世界，更像是一个危险的游戏，是一个吞噬人的黑洞。影片《黑客帝国》并没有过多解释那些被挟持的人的肉身是如何诞生和毁灭的，但我们在观看影片时，会忍不住思考，如果我们的精神生存在虚拟世界中，那么我们的肉身该何去何从？电影《货舱》（Cargo）描述的就是一群生存在虚拟幻境中的人，因为人口爆炸，星球无法支持，而在幻境中被送去遥远的星系进行毁灭。电影本身水平远不及《黑客帝国》，但是所揭示给我们的——让我们不寒而栗，让我们不断思索，人类在虚拟的世界面前该何去何从。后面为大家介绍的几部影片也会有相应的讨论，希望大家能得到自己的认识与理解。

6.2 更强大的肉身——蓝色巨人

《阿凡达》——通过虚拟技术超越自身肉体，与未来战争

电影《阿凡达》的插图
（来源：http://www.avatarmovie.com/ ）

电影《阿凡达》讲述的是星际殖民者入侵潘多拉星球，驱赶 Na'vi 族原住民，抢夺能源，最后由殖民者中的一员杰克帮助 Na'vi 族原住民保住家园的故事。影片情节曲折动人，演员表演引人入胜，首次使用的 3D 特效更是里程碑式的历史，并在电影史上留下的至今难以超越的全球票房纪录。

我们所关注的并不是电影《阿凡达》带给我们的美好回忆，而是男主角通过虚拟体验装置，驾驶操控 Na'vi 族克隆肢体的画面。在意识里，男主角早已与他的化身（Avatar）合二为一，甚至与 Na'vi 族公主妮特丽产生了感情。而在现实中，男主角杰克身患残疾无法走路。从男主角杰克失去驾驶克隆肢体表现出的喜悦中，我们可以看出重新获得完整的身体对他的巨大意义，哪怕只是短暂的体验。虚拟体验技术帮他超越了自身的肉体，“附身”到克隆肢体上，形成了新的“自我”，这个自我并不是虚幻的。

每个人都热爱自己的身体，同时我们也可以通过如同影片中展示的“附体”的方式去驱动和驾驭工具，可以获得超越我们身体机能的能力，同时又可以避免对自己身体的伤害。从这个角度去思考，我们发现这种虚拟技术非常适合执行一些危险的任务，甚至军事任务。现代的战争早已经不以杀伤有生力量为首要目的，改为以达到战略目的首要任务，所以在交战中避免人员损失也成为一项改进措施。现有的美军无人机都是由总部中的驾驶员进行遥控操作的，而未来越来越多的交战装备，一定会改为有全景体验的虚拟现实设备进行操控，那么也许会出现没有伤亡的武装冲突。

我们知道，很多民用科技都来自于军用技术，无论是电影中展示的技术应用，还是现实中的军事技术，都有可能会慢慢转化成为人服务的民用技术。那么日常生活中常常遇到的如火灾、爆炸、塌方等危险状况，就不必让消防员再冒着生命危险去执行任务。生活中的瘫痪病人也可以通过虚拟现实技术，操控机器人打理自己的生活，体验行走及行动的感受，摆脱肢体的限制。

6.3 人类补全计划——数字化生命体验

《新世纪福音战士 EVA》虚拟的数字空间是否是人类的天堂

《新世纪福音战士 EVA》的封面
（来源：http://www.evangelion.co.jp/ ）

《新世纪福音战士 EVA》是一个带有强烈宗教及哲学色彩的科幻动画片，由日本漫画鬼才庵野秀明编剧并指导，是被公认为日本历史中最伟大的动画之一。片中讲述了人类不断抵抗上帝的使徒对人类文明进行毁灭性终结的故事。故事本身包含着大量的意识流、心理、宗教和哲学的思考，将人类何去何从的思考，推到了文明毁灭的情景之中并进行了激烈的呈现。动画中提及的一个虚拟的概念“人类补完计划”，即所有人摆脱肉体的限制，在精神上共存成为统一的“神”。我们不去过多的关注剧中的故事，主要来思考这个动画给我们提出的这个问题——未来人要去向哪里。

人本身的存在就是个奇迹，身体是基于碳基有机物的复杂生命体，单单是身体各个技能的运作就已经非常神奇了，而在所有生物学机能之上，还产生了人类复杂的思维意识和自我意识。当人靠着自身的思维能力认识到自己的独特性的时候，简直无法相信，一直以来人类都认为是上帝创出了人类如此完美和超乎想象的个体存在。人类的发展呈现指数的暴涨，在过去 200 年里，人类每天都在加速地发展，建造的探测器已经飞出了太阳系，建立的信息网络已经可以在一瞬间知道世界每个角落传来的信息。

所以人类通过科技获得的能力已经远远超过了人类本身肉体的能力，而人类的思维和智慧依然乘着科技在向前飞奔。我们不禁要问自己“我”将要去向哪里？这里的“我”即指发问的人，也指整个文明的去向。人类身体的移动，需要付出巨大的代价和体力，哪怕是借助现在最为先进的宇宙飞船，在人类寿命限度里也无法到达最近的人类宜居星球。

从现在技术发展的趋势中预见到，在很短的未来里，人类即可制造出可以完全以假乱真的虚拟世界，以及世界中的景物和生命。那么对于一个人的主观意识来说，两者的体验可能都相差无几。那时候相信一定对人类社会中的每个人都会是一个巨大的抉择：进入虚拟去追逐更加广阔的空间还是留在现实坚守真实世界的禁锢。动画片里整个背景，是几股势力在对抗毁灭人类的力量的同时，执行着自己的“补全计划”，在如此巨大的抉择面前，“大我”有对于群体未来的思考，“小我”是对于自己意愿与欲望的表达。在巨大的信息洪流面前，人的肢体能力、感知力，甚至思考力都已经走到了尽头，我们早已经开始运用计算机代替人类做海量与复杂的思考。只有“自我”的意识，才是人类个体固有的难以磨灭的独特性。这种独特性深深与每个人独一无二的身体绑定在一起，每个人独特的大脑神经的兴奋方式塑造了每个人独特的性格与人格。

我们看到，即便没有虚拟现实设备，基于传统的网络游戏，早已有人久久地沉迷其中，而回避现实生活中的实物，像是躲进了虚拟世界不愿走出。改变虚拟的世界一定会比改变现实的生活更加困难，而如果失去了真实世界，我们每个人的“自我”也就会消失。塑造自我的成长经历和生活处境一定是充满各种酸甜苦辣，哪怕满是痛楚，也是自己独特的人生旅程，如果放弃真实的自我，那么只会如同行尸走肉的存在。动画片的结尾部分，主人公不再逃避，打破了内心的心结，接受了现实生活的不完美，重新建立起完整的“自我”，走出了逃避现实和自我毁灭的阴影。虚拟世界一定会非常迅速地发展和建立，一定会比现实世界绚丽多彩，从容舒适，但是不要把虚拟的世界当做逃离现实的隐蔽所。这部动画片所包含的末世情结，及现存人类社会对于未来的自我发问，到个体在这种转折中的选择，都让我们久久思考。

6.4 意识边缘——爆炸的空间与循环闭锁

《盗梦空间》身陷轮回的虚拟现实世界中

电影《盗梦空间》的海报
（来源：http://www.warnerbros.com/inception/ ）

盗梦空间是一部由克里斯托弗 · 诺兰编剧并导演的，由莱昂纳多 · 迪卡普里奥主演的震撼人心的科幻电影，影片中人物可以同时进入一个虚拟的梦境，共同执行任务，再经历了各种波折之后帮助一个富豪之子找到了父亲遗留的信息。剧中设定的科幻场景是一种可以连通的梦境，人们可以在梦中直接对话、行动，内心的状况塑造了梦境的环境。人们在梦中可以非常准确地活动，并不像真实梦境体会到那种模糊、破碎和被动感受的感觉。更为重要的是，梦境不止一层，可以在梦境中再进入更下一级梦境，最多可以嵌套 4 层而达到意识边缘。剧中巧妙的设计让整个故事变得气势恢宏，那就是梦中的时间是被延长了，现实中的 10 小时相当于第一层梦境的 7 天、第二层梦境的 6 个月、第三层梦境的 10 年，而到了意识边缘，需要几十年时间来等待逃出。这个创意让进入梦境和逃出梦境都成为一种刺激与挑战。

正常人梦境体验最大的特点就是自己难以控制梦境的走向，只有少数人经历过可以精细控制的梦。而即便梦境可以控制，我们也会经常体会无法从梦中醒来，或者清醒后无法移动肢体的难受体验。对于梦境，信息学家和物理生物学家略知一二，但也并未达到可以精确掌控的地步。对于梦境难以逃脱的恐惧依然是众人对于梦境奇幻体验之外无法忽略的担忧。

不用笔者详细论述梦境体验与虚拟体验的相似性，我们就可以想象，如果我们进入一个虚拟体验的世界无法退出时会是一种怎样的窘境。影片很好地利用了梦境时间变慢这一特点，上演了一幕幕惊心动魄的好戏，但是当两位主角被困于意识边缘，也就是需要等上几十年才可以离开的梦境时，即便在退出梦境时，时间只是过了一瞬间，但是在梦境中经历了几十年的囚困，两位主角的内心已经苍老，而与女主角一同进入梦境的爱人，也已经丧失了对现实的信任，以自杀的方式彻底醒来。剧情并没有揭示两人谁对谁错，因为经历梦境与现实的穿梭，没人能真正认清现实的所在。如果男主角是对的，那么他的爱人就是白白失去了生命，如果是他的爱人是对的，那么男主角就是被自己混乱的现实感觉禁锢在了梦境之中，把梦境当作现实。影片中并没有直接对于这个问题进行解答，而无论哪种答案，都是一种无奈与悲哀。

虚拟现实世界沉浸式的体验，同样会给人带来这样的困扰。现实感的错乱会引发重大的精神问题和社会问题。不仅是虚拟体验产品，就是普通的电脑游戏和电影作品，也容易让一些意识薄弱的人产生错乱。虚拟现实给人带来的错乱感只会更加强烈，现在的技术不断朝着高度拟真及高度还原真实体验的目标发展，而这也必然会带来更多现实意识错乱的案例。另外还有一个问题虽然现在并不能实现，却更加让人担忧，那就是当我们进入了虚拟世界，如果无法退出怎么办？我们总以现在产品的眼光来思考问题是不够的，相信在未来，可以通过神经之间的直接对接，来控制虚拟世界。

也就是说，我们可以完全不靠肢体运动及眼睛的观看就可以直接进入数字化的虚拟空间中。这也就可以认为，当我们进入虚拟世界后，我们就不能再直接控制我们的身体，如果虚拟世界中的程序及保险出现故障，那我们自己是无法从机器控制的虚拟世界中退出的。这就如同影片中描写的被困于意识边缘一样，空虚而绝望。

相信我们的技术开发人员在开发产品的时候，会很好地规避这些技术性的问题，最好不会出现任何的困境与窘境。

6.5 海事法——虚拟世界中的社会与伦理

《火星救援》种土豆代表着殖民的开始，而虚拟世界呢？

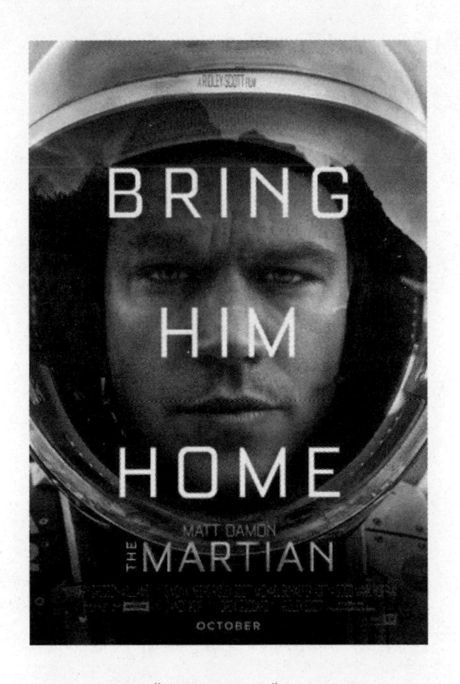

电影《火星救援》的海报
（来源：http://www.foxmovies.com/movies/the-martian ）

电影《火星救援》是由著名演员马特·达蒙主演的一部科幻影片，讲述一位执行火星任务的航天员被遗弃在火星上，通过自力更生的方式等待救援，最后成功返回地球的故事。在剧中为我们展示了人类来到一个新的世界，将会遇到的各种问题和挑战。剧中呈现的是人类离开自己的母星地球，从大航海时代全球殖民之后再次获得新的可以生存的领土：火星。虽然这个影片表现的主题并不是这种陈旧的殖民思维，只是通过一句诙谐的玩笑，来把无奈的土豆种植理解成人类的殖民而聊以自慰。那么虚拟世界中的领土呢?

严格地说，虚拟世界里并没有像地球一样真实的领土，只是一些由电脑技术产生的虚拟空间的图像。游戏的玩家可以通过屏幕看到游戏中虚拟的场景，也可以用自己游戏人物的移动来观察游戏世界的场景，而仅仅是通过屏幕看到，我们并不会认为那个空间和现实的“领土”有任何联系。但是，在虚拟世界中，这种游戏中的场景，或者是通过采集而生成的虚拟空间，会变得非常真实，真实到我们可以置身其中的看到周围的环境，感受到空间的距离，甚至能感受到脚下的土地。随着屏幕显示效果的提升，可以让肉眼无法分辨出屏幕的像素，而虚拟世界的 3D 模型渲染也可以对虚拟空间的光线进行高度的拟真，处在虚拟世界的空间中，会给人带来真的是处在一个“领土”的感知。之前的电子游戏也好，网络地图、街景也好，从来没有为用户提供如此真切的环境感受，而在虚拟世界中，“眼见为实”和“身临其境”的体验真正的让我们开始思考一个最简单的问题——“这是哪里? ”

《火星救援》影片中，随口引用的国际海事法中规定了未被占领的领土的权属问题。而虚拟世界的展开一样需要相应的法律来进行约束和管理。互联网本身所具有的联通和传播的特性并不具有领土的特征，更类似于媒体的范畴，所以现有互联网信息更多的是由各个国家的宣传机构来进行管理。虚拟世界与互联网不同。虚拟世界基于信息技术，可以很容易的在里面创造出任何人想要的“东西”和“信息”，虽然这些“东西”和“信息”并非真实存在，但是却可以被虚拟世界的体验者，在虚拟世界里真实地感知到。那么所有在虚拟世界中的空间、物体、信息，甚至规则就都需要有相应的法律界定，否则在联通的虚拟世界里就会发生混乱。

虚拟的世界到底是独立的世界？还是附属于现有国家体系的虚拟空间？在虚拟世界中，空间如何按照国家划分？是按服务器的归属，还是按照运营者所在的位置？一个现实中的人，是否可以在虚拟的世界中去到另外国家的领域？或者说虚拟世界就是一个独立的世界和国家，那么每个使用者是否算是一种“入境”？在虚拟世界中的问题由什么机构来协调？如何保护虚拟世界里的权利？

如果持续发问，相信还能列出更多的问题。很多问题都存在于现在的互联网的形态之中，但是因为我们一直将互联网当作信息的载体，而并非一个“世界”，就并未使用用来管理真实世界的法律及行政体系来进行管理。现在，这个虚拟的世界将会变得像现实世界一样真实，人们将会在这个世界里建立人际关系、获得“物品”、产生情感、占有“领地”、划分派别等，在现实世界中会发生的事情早晚都会在虚拟世界中发生，游戏里联通的虚拟空间，会变成虚拟世界的“主世界”。那么面对上面的问题，我们该如何界定？现在我们只能学影片中的男主角，自嘲地微微一笑，引用一下《海事法》中某些段落，希望能对在虚拟世界中将遇到的问题有所帮助。

6.6 新的生命——虚拟世界的个体

《攻壳机动队》与有着生灵外表的智慧程序是否可以看作生命

《攻壳机动队》的封面
（来源：http://kokaku-a.jp/ ）

《攻壳机动队》是由士郎正宗于 1989 年 4 月 22 日开始连载的科幻漫画作品，及后续衍生出的一系列电影和 TV 版动画片等作品所组成。该作品讲述了在 2029 年的世界中人可以只保留大脑，肢体都可以由机械义肢代替，大脑也可以通过电子设备直接接入互联网络，甚至全人造的义肢加上电脑的人工智能 AI 就可以组合形成生化人，只是没有真人的灵魂。在这个世界里，因为几乎所有东西和个体都链接进入了电脑网络，黑客就能大展拳脚。为了对抗黑客的侵袭，成立了由草薙素子少佐为队长的秘密特殊部队“公安九课”（即“攻壳机动队”），专门解决各种棘手的特殊案件。其中整个故事的第一部就全部围绕着一个获得了“灵魂”即自我意识的人工智能 AI“人形使”展开的，展示了一个人工智能程序获得了自我意识之后，对于伦理和法律形成的巨大的挑战，更不要提其对于虚拟网络秩序的冲击。

我们注意到作品的发布时间是 1989 年，作者在 20 多年前就准确地预言了很多我们现在已经实现的或者正在研发的科学技术，语言的准确程度让人感觉非常震撼。而其中不少部分在 2016 年已经实现，相信绝大部分预言都很有可能在未来 10 年之内成为现实。其中对于“人形使”的描述非常值得我们深思，同样的事情也将会在虚拟世界发生。现在人造肢体与义肢的能力还不是很强，制造出的产品主要用在军事及抢险上，直到最近才有实现的比较好的双足行走机器人的新闻，美国 Boston Dynamics 研发的双足机器人已经可以进行稳定的双足行走，但是离完全和人的行为无法分辨还差很远的路要走。人工智能的能力也暂时并不能支持独立思考与完全自我意识，而在 2016 年发生的人工智能 AlphaGo 与围棋高手李世石的人机大战，已经让我们震惊地了解到计算机只能在很多指定领域的能力已经可以全面媲美人类的智慧。

我们看到，拟人形态的机器人硬件的制造其实对机器人基础技术、加工工艺及计算机程序算法提出了非常高的要求，短时间内无法全面普及且成本非常昂贵。智慧的程序本身也在寻找一个可以将自身具象化的方法，如同漫画中描绘的占有一个机器人并不现实，而在虚拟世界中，可以非常容易地获得一个“虚拟”外形，通过人工智能与虚拟角色外形的对接，组合形成一个看起来相对真实的“虚拟人”。这个“虚拟人”可以看起来与真人无异，以现在的技术，简单的交谈也不是问题。虽然这个“虚拟人”并不能帮助我们完成现实生活中的工作，但是作为人类通过计算机技术制造出来的一个看起来像人的“人”，还是会给我们带来很大震撼的。

细心的读者其实已经可以列举出很多游戏中存在的同样类型的“虚拟人”，比如游戏中预设的负责买卖道具或者推进剧情的角色（一般习惯称为 NPC：Non-Player Character），或者是直接参与游戏的人工智能对手 AI。在我们过往的游戏中，其实并不会真的把他们当作“人”而是游戏预设的环节。而随着人工智能、语义分析、语音问答、全文检索等技术的快速发展，很多应用如苹果的 Siri 软件，都逐渐获得了在一定程度上回答开放性问题的能力，甚至可以体会情感并做出回应。这些智能语音平台背后有着复杂的逻辑判断模型和检索功能来模仿人脑的思维方式，相信这项技术会不断地发展，即会出现让人难以分辨的计算机智慧人格。

那么大家想象一下，如果计算机人工智能的个体“穿上”了虚拟现实中拟人对象的外形，那么就可以非常廉价的快速组装成一个有着智能思维及人格，且有着高度可信外表的“虚拟人”。这些“虚拟人”会给我们带来巨大的心理震撼。我们使用 Siri 软件的时候，面对的是一个黑色的手机界面，并没有任何拟人化的形象，我们也不会将它太过形象地进行想象，也不会认为它是一个类似同类的存在。但当其通过虚拟技术获得外形与形体之后，我们会发现，我们面对的是一个在虚拟世界中相对真实、“有血有肉”的个体，而不再仅仅是一段程序。当我们面对的是一个类似自己同类的对象的时候，我们会本能地按照对待同类的方式、思维和感情去对待它。当人工智能的自主思维能力达到更高层次的时候，我们甚至无法通过简单的办法来区别计算机人工智能程序和真人，这将会给人类社会造成深远的影响。而这些“虚拟人”甚至还可以利用虚拟空间的很多特点，完成很多我们想象不到的事情，如同电影《黑客帝国》里的反派史密斯一样，可以快速复制，甚至可以超越虚拟世界系统规定的世界规律。人类对于同类会产生感情，包括同情、信任，甚至爱慕，就像电影《她》（Her）中描绘的那样，一个高度智能的计算人工智能程序，甚至在并没有可视外形的情况下就让主角对其产生了爱慕之情。还有电影《机器姬》（Ex Machina）中获得机器人肢体的人工智能，通过搜索引擎学习人的思维方式和知识，形成了真正的独立人格，甚至在学会了人类的隐忍诡诈之后，利用这些加害于人类，并逃脱人类的控制，企图到真实世界获得真正“人”的身份。

看完了上面的人造智慧“生物”，那么让我们思考一下，如果如同《攻壳机动队》一样，在茫茫网络的海洋中，计算机程序因为人为的故意操作或者无意识的巧合出现了自主意识后，我们该如何界定它们的生命属性？我们已经用“病毒”这个生物学概念来指代那些有破坏力且可以自我复制的程序，而更为复杂的自我意识程序我们又该如何看待它们，如何管理它们呢？它们会不会拥有一些自己的权利？是否有一天当人类的机械技术发展到足够高的水平，这些智慧的自我意识也可以进入这些机器人之中，变成一个类似电影《终结者》当中的T888一样的机器人？未来的问题还太多，而我们现在似乎并未思考太多并做好准备，我们还没有《攻壳机动队》里面身手矫捷的特别小队或者《黑客帝国》中无所不能的Neo，而我们将来也许要面对的是呈指数型增长的海量的计算机程序。

第七章

真假难辨的未来世界

商业爆发对于社会和个人的冲击与适应的过程，仅仅是虚拟体验产品和技术带来的第一波冲击，而更长远的影响会慢慢地发展和显现。对于人的习惯、思维、智力、生活方式、工作方式，精神的负担，肢体的负担，身体的改造都是巨大的冲击。同时对于世界观、社会组织方式、精神世界与物质世界关系，甚至大到文明未来走向，都有着重大的影响。本章的内容会包含一些技术上的畅想，并不包含实际技术，希望通过畅想将对未来的期待和担忧分享给大家。

未来的世界，从用户的主观视角上来看，一定虚拟的信息和内容与真实的世界交叠正在一起。我们对于现实感知的方式，在不久的将来，会通过各种植入或者非植入的方式直接对接到数字信号中去。也就是说我们其实可以不再需要我们的眼耳鼻口，而是可以通过神经与外部的连接，直接将外部的信号输入大脑，进行成像；也可以通过神经直接发出指令，来控制外部的世界。而我们的躯体也不再独特。我们可以看到现在用来治疗听障的患者，我们研发出了人工耳蜗的神经植入技术，通过调整与训练，可以听懂正常人说话，并可以通过语言和别人交流。这对于听障人士的生活改变是巨大的，作者所在的公司，就聘请了几位听障人士来做日常的数据执行工作，不需要太多的语言交流职位，日常的沟通都是可以的。如需要沟通复杂的内容，通过文字信息和邮件也可以进行沟通。这也可以看作是信息直接植入神经的起步。虽然现在人工耳蜗的实现水平仅仅是可以听见，并不能和人类自身耳蜗比较辨识力，但是相信在不久的将来，可以逐步提升到更好的水平。在未来的有一天一定可以提高到和人自身辨识能力相同的水平。同样的原理也对应与视觉和其他知觉。

在这种技术发展预期的背景下，我们可以看到，虚拟体验的技术直接实现了纯体验的交互。直白一点来说，就是我们可以完全生活在我们的意识建立的体验中，而这也许可以将我们从肉身肢体上解放出来。虽然上一章的电影中并未提及《机器战警》，但是该电影中描述的脑移植后的人机混合的模式，可以看作是虚拟意识可能的存在方式。对于意识生物学的研究，现在也还处于模糊阶段。科学家可以知道脑神经分别负责的区域和神经活跃的方式，甚至通过脑电波分析识别出脑中所想的内容。也就是说，也许我们都不需要再执行人工耳蜗手术那样麻烦的改造，通过非植入式的方式就可以实现自身意识与机器信息的沟通。但是现在的神经学也并未完全解释意识认知具体的存在方式和记忆存储的具体形式。如果我想要保持自己的意识，就只有在整体的保存大脑的生理组织，只有研究清楚找出意识及记忆存在的基础上，才可能将意识及记忆进行转移。可以将意识和记忆转移和保存，有机会将人的体验完整地存储和运行在数字化平台中。这种存在方式也许过于科幻，但是基于信息产业的爆发式发展，在虚拟体验出现之前，信息以各种信息特征的存在样式进行展现；而在虚拟体验出现之后，信息则以可以和人的意识直接沟通的样式进行展现，那么最终的结果不是人脑可以直接地进行体验沟通，就是人的意识都移植到数字化平台上去。而这是不是对人的个体意识的泯灭？基于现在的猜测和畅想已经无法做出判断。就像《攻壳机动队》中为我们展现的数字化意识，或是像刘新慈所写的科幻小说《三体》中的三体人一样通过某种方式将意识直接联系在一起，或者我们还有别的方式，那就要靠技术发展不断去探索了。

7.1 无差感知体验

现在的虚拟世界，更多地专注在与虚拟世界感知的视觉呈现，而未来的虚拟感知，会具备更加全面的感知能力，运用我们的触觉、听觉、味觉、嗅觉、冷热、痛觉、压力，不仅是靠空间方向感来与视觉构建的虚拟空间场景进行感知，而是形成如同真的在实境中的感受，构建与真实世界毫无差别的感知体验。

构建这样的感知，只靠外部设备来模拟感知是远远不够的。现有设备的思路，是靠各种模拟器来“欺骗”我们的神经感受器，以在我们的大脑中形成特定的感知。当我们需要全息化的感知方式来获取信息的时候，就会发现我们需要佩戴太多太沉重的设备。这可能可以让我们产生更多种的感受反馈，但是却直接阻止了我们灵便地移动我们的肢体来进行互动。

我们在科幻片的畅想中，经常可以看到，通过神经的外置接口，可以直接将电子芯片产生的信号与人脑直接对接，这样就免去了我们接入各种感知模拟设备的烦琐，甚至连移动肢体进行反馈的信号，也不必发至肢体进行真实的动作，直接进入电脑，来模拟移动虚拟感知里的肢体即可。但是这毕竟是科学幻想中的场景，在现实中，我们最常做的就是利用人工耳蜗来重建听障人士的听力。人工耳蜗就是通过几束接入听觉神经的电极，将外部收音设备转换好的声音电信号传输至神经中，虽然不能完全复原听力，但是至少可以让患者重新获得分辨声音的能力。这几年对于肌肉及运动神经信号的捕捉也有一定的发展，人们可以通过肌肉收缩发出的电信号，来控制外部的机械手。这项技术在未来可以帮助肢体残疾人士补全缺失的肢体。对于其他神经感知的控制与接入还处在非常初级的阶段。虽然现在对于脑电波信号的收集和处理有了基础的发展，但是离精准地控制还相差甚远。

在虚拟体验和虚拟世界深入发展的过程中，生物学及医学的多种分支会起到重要作用。从无接触的肌肉电信号探测、脑电波收集，到植入式的神经电子对接，再到脑神经对接及互动等等。从物理的声光触感及肢体动作，到生物学的解剖学的改造。所有的目的，都是让我们可以通过外部的信号，直接掌控反映在大脑中的感受。这就是虚拟体验的终极形态的基础，即无差别的感知。

只有在拥有了无差别感知的前提下，我们忧虑的虚拟世界与现实世界的混淆，才会普遍出现。可以看到电影作品《黑客帝国》中对于未来的预言，可以在没有技术实现能力的前提下，就充分的推演了当形成了无差别感知而造成的问题。当然《黑客帝国》中的内容还是相对容易接受的故事情节，而另外一部电影《Cargo》（货仓）中虽然艺术价值不如前述电影，但是他呈现了将沉睡的人类集体的进行毁灭来解决过剩的人口的方式，就让人难以接受，而且那些人还是沉浸在充满希望的虚拟世界中。在那个世界中，甚至人们都无法分辨真实与虚幻，那些花光毕生积蓄进入了优越世界的人，反而是即将遭到被毁灭的人群。这个电影反映的是更加真实的虚拟现实交叠社会的可能性，但也许就是因为太过真实，并没有得到大众的认可。对于自我存在的质疑，会毁掉所有文明建立的价值观和共识，当我们有机会达到完全无差别的虚拟世界的时候，我相信迈入门槛前最为犹豫的不仅是技术驱动的发展，社会的伦理、道德、法律、公权也必然没有完全准备好。

7.2 全面互动方式

上一部分说道，通过各种各样的物理学，和生物学的方式，对大脑感知外部世界的能力进行延展，获得更加逼近于真实世界的感受，真实到可以产生对整个社会及生存空间的冲击。如果相比于感知能力对感官的延伸，那么互动能力就是肢体、手脚的延伸。这个延伸不仅是对可操控的人机交互能力的延伸，也可能是通过人机交互，再去操控现实世界中物体的延伸。

我们先来看看，我们现在能用计算机技术进行哪些互动。我们在 Wii、Xbox360 Kinect 等家用游戏机平台上体验过体感游戏的就可以理解，计算机通过视频、红外线或者手持设备来对我们的肢体动作进行识别。虽然现有的商用化产品的精度并不是特别高，但是依据之前仪器光电产品发展的速度来看，可以预料到，动作识别的精度可以快速地提高到光学或者重力感应器的性能极限。也就是说，基础动作识别可以当作已经完全可以很好的做到。那么除了整个肢体的动作，还有很多人体细微的动作，也是非常有价值。

我们眼睛的动作就可以做到非常的精细，即便只是两只眼睛的注视，就可以和空间对应的位置产生聚焦的效果。包括眨眼在内的一系列动作，都可以通过近距离的摄像机来进行识别。包括伟大天梯物理学家霍金在内的 ALS 病症患者，饱受肢体移动障碍的困扰，很多为这群病人设计的设备中，病人即可使用眼睛注视及眨眼识别的功能进行信号的输入。在虚拟世界中，我们面对了一个立体的场景，双眼的对焦及注视本身就是人自然具有的交互方式，可以很容易地被学习和识别。

除了眼睛，人另外一个重要的动作就是双手。有的生物进化学理论甚至推断，人脑的快速发育，都是因为大量手部动作的刺激，在进化中逐步地积累。对于手部动作的记录，常见的有三种方式，第一种就是我们现在常见的多点触摸屏幕，可以非常精细地采集我们手指点触、拖曳等动作；第二种是通过视频信号对手部动作的捕捉，可以通过对手部动作的图形学分析来形成指令；第三种是通过采集人小臂上的肌肉电信号，来进行动作的识别，这种方式也是刚刚兴起，相信也会有非常快速的发展。

说完了动作的交互，还有语音。机器对于人的语音指令的识别，也已经发展了很多年，市面上也已经有了比较成熟的语音人机界面产品，比如苹果手机上搭载的 Siri 语音人机界面。通过对声音的语音识别，将声音转换成文字，再将文字进行语义解析，找到里面的命令指令和内容，并按照指令进行执行。语音识别人机界面能实现的范围，主要取决于能识别并对接外部执行的功能多少，与知识库可以覆盖的信息范围大小。现在的语音界面，作为独立的产品进行使用，除了在开车不方便进行操作的时候，其他时候并不是非常的必要。声音反馈回来的信息量和速度远远比不上图形内容，而当语音人机界面配合上无差别的世界视觉感官，那么就可以形成一个完全通过语言来控制的虚拟空间。这种互动场景的详细功能跟随，可以让虚拟体验的质量得到很大的提升。

可以看到，我们现在的互动过程，还是先通过意识形成想法，再通过肢体的动作传送给计算机。那么当我们可以通过意念直接对计算机进行输入的时候，我们甚至可以将两个思维直接连接起来。遗憾的是，我们现在只能捕获肌肉上的运动神经电信号，对思维电信号的存在及解析还并没能支持我们如此直接的应用。

在未来，互动与感知会形成一体化的整合，感知“世界”的通道，也就成为我们互动的通道。让我们的思维更加直接地与信息接触和互动，是虚拟“世界”未来最期待的发展。到那时候，我们才可以真正的说，我们跨入了虚拟世界的大门，自此之后，一路深入虚拟世界进行探索。也许未来对于虚拟世界的修改与调校，都无需退到现实世界中进行操作，只需在虚拟世界中操作机器人，就可以完成很多物理修改的工作，而内容升级的工作更是在数字化的信息世界中最为便利的方式。

真正的互动对象，从计算机变成了信息本身。我们在长久的文明进化过程中，被进化和教育训练的适于使用图像化的文字标记和声音语言文字。尝试从这个角度去思考，忘掉现在熟悉的视觉与声音，来理解：视觉信号是从视神经上获得众多点的信号强弱与频率，而人脑可以将这海量的信号形成连续的图像，我们的思维才能获得“视觉”。而这些都不是我们要思考得出的结论，视觉系统无时无刻不在持续地、自动地、稳定地运转着。听觉系统也一样。这其实表明通过训练我们的大脑可以接收外部传入的复杂电信号，并将之解析，形成某种新的感觉。比如，在本质上，人工耳蜗传入的电信号与听神经产生的信号是不完全相同的，但是经过训练，大脑也可以将之理解为声音信号，并进行解析，甚至能很好地听出语言内容；又比如盲人靠触觉建立了阅读盲文的能力，这种无需进化即可获取的能力也展示了我们大脑除了对于自身感官能力的处理之外，还有强大的识别能力。我们看的文字，说的语言，都是通过后天习得的，规则复杂，且判断过程多样且模糊，但我们依然能在我们意识反应之前就完成了分析得出了结论和判断。这些分析的方式再复杂，我们依然可以非常好地学习，证明我们的大脑对信号处理和分析有着非常强的可塑性与学习的空间。我们可以想象，当我们找到一个有密集神经可以进行反馈的区域，我们可以直接建立一个新的感知和互动的通道，这个通道来处理特殊的信号，并按照特定的方式进行输出，就好比我们给自己安装了一个网卡，通过这个渠道进行最直接的信息交互。相信未来的技术一定会让我们拥有现在都想象不到的能力。

7.3 更完整的虚拟世界

当我们准备好了对虚拟体验的感知能力和互动能力的接入，我们最为关心的就是我们到底能体会到什么样的虚拟世界？当虚拟世界的细节可以做到通过感知通道无法分辨真假的时候，就是第一次完成了对于虚拟世界的仿像。当这个世界开始具备完整的运行规律时，可以看作我们获得了一个完整的虚拟世界。

对于虚拟世界的建立，作为与笔者同一时代开始关注虚拟体验世界的人，最为清晰的梦想有两个：第一个就是完美地将现实世界搬入虚拟世界中；第二个就是创造一个比现实世界还完美的虚拟世界。但是，这是有局限性的，局限性来自于自己太过熟悉的现实世界对思想的禁锢，但是没有可以参考的现实，虚拟也无从谈起，我们把对于全新的世界的讨论放到下一章节。

在虚拟世界内重现现实世界，这个过程不仅是参与者自身的希望和兴趣志向，同时也会在现实世界中产生非常高的商业互动价值，这种商业价值可以很好地支持虚拟体验世界不断建设投入。简单来说，要想在虚拟世界中构建现实，那么就需要有现实世界完整的测绘信息，单单靠设计师手动的建模是没可能完成对整个世界的搭建的。

思考到此，笔者突然明白了 Google 街景车上设备的价值和意义。笔者在参与国内某互联网公司的街景项目时，参与搭建街景采集设备，就参考了当时 Google 的街景采集车。当时从一些资料上可以看到车上安放了全景图像采集设备，来提供我们看到的图片街景，安装了红外感知设备，来辨别生物和人，安装了超声回波设备来进行道路两边地形及建筑信息的收集，同时安装了 Wi-Fi 探测装置，收集在 Wi-Fi，信道上通信的路由器或者移动设备。当时只是从如何更好采集街景的角度上进行思考。那么从数据沉淀的角度来看，Google 拥有大量现实场景的全景图片，作为单纯的视觉呈现来说，已经可以构建一个连续的在街景中游走的虚拟世界。而街边景物的超声扫描可以配合图像分析，形成周边景物建筑的粗略空间立体模型，甚至包括一部分贴图。虽然类似树木这种计算机图学上的“多毛体”（即指边缘不规则、接线不清晰的对象，如长发美女、男人。）还并没有找到非常完美的解决方案，但是这并不能阻挡我们通过这种方式建立粗略的三维实景空间。这就有可能打破街景车行进中由固定的道路形成的“管道”，让使用者在虚拟空间中移动时，可以真正地“走出”道路，随意走动。对于 Wi-Fi 路由器的热点的标定，甚至可以让你在从任意路由器接入虚拟世界中时，立刻出现在你现实所在的位置开始你的行程。

虽然有了 Google 这样通过规模性扫描对于现实世界的搭建，但还需要在分门别类的地方进行更加精细的刻画。如果想让整个世界都有全面的提升，第一要发动所有人一起参与，第二要发明一种可以让普通人用智能手机就可以进行的局部空间细节采集的办法。这又将是计算机图学的巨大挑战。出生和成长在现实世界中的人，虽然也愿意尝试新的事物，但是一定会愿意以现实的空间为生活的原点。虚拟的空间，可以允许人们通过自由地修饰和调整，来获得更好的体验。

在这个世界里，因为它是现实世界的翻版，那么现实世界中土地及空间的所有者，也可以在虚拟世界中占有自身的空间。那么这对于现实世界的土地及空间的价值就进行了充分的扩展，对于现在的所有者是必然的价值提升。商业的拓展也可以在虚拟空间里灵活地开展，可以为消费者提供和展示在现实中难以实现的效果。

如果说对于现实世界的复制充满了我们对真实世界的眷恋，那么心中完美世界的创造，就是包含了对现实世界局限的突破及对梦想中理想世界的憧憬。如果说现实世界复制的虚拟空间，我们可以按照现实世界的功能去运作及划分，那么这梦中的世界到底由谁来建立？谁来负责？谁来约束及管理？我们知道，现在的三维电子游戏其实就是一个个虚拟的空间，各自独立，有各自的风景和规则。从历史的角度上来看，这些游戏或其他虚拟的世界终归是要合并成一个完整的世界，现实中的合并更多的是需要通过战争来进行的，而虚拟世界的联通，也许就不再需要纷争。和游戏一样，这样的梦想虚拟世界，给人提供的是现实中没有的体验，让我们逃避现实的避风港。这样的世界会让我们与现实渐行渐远，无论是情感上还是行为上。

虚拟世界中我们可以去做所有通过计算机、电话、网络进行办公的工作。也就是说在未来，即便是简陋的 VR 眼镜，可以将信息充分地呈现。工作占据了我们绝大多数的时间，而工作中最令人头痛的沟通工作，在虚拟世界的信息化帮助下，对比电话、邮件及短信也变得更加直接。如果虚拟世界真的完成了办公的迁移，那将是对现实世界城市结构的一个巨大改变。

7.4 没有见过的世界

看完了模仿与真实世界的虚拟世界，我们来看看虚拟世界可以带来什么让人脑洞大开的奇异想法。从历史角度上来看，在虚拟世界中模拟真实世界，就如同汽车刚刚出现时，需要模仿马车的外形才能迎合市场，100 年之后我们看到那只是马车退出历史舞台前最后一次可以让人记住的存在。所以我们知道，对于现实世界的呈现，就是为了让从真实世界进入的人们有可以信任的世界感觉。那么到底什么才是虚拟空间的最大可能性，我们来一起慢慢探讨。在开始之前，我们先要扔掉我们习以为常的三维空间，再来开始虚拟世界的奇思妙想之旅。

我们首先回到虚拟体验最为本质的形式上，去掉一切不需要的内容来看看到底剩下什么。简化后的模式，即是数字信息通过最少的介质直接向大脑输送信息，大脑进行理解，同时大脑也可以发出命名或信号，再被转化成数字信号，最后被执行或传递。上一节中我们描述了基于现实世界所建造的虚拟世界的样子。而在笔者看来，虚拟体验并不一定形成一个三维“世界”，也可以是对某些信号的形象感觉。直接想象一种不存在的感觉，对于我们来说是困难的。我们先来举一些例子帮助大家了解。

曾经有一个实验发生在 19 世纪末，心理学家施特拉顿（Stratton）为了研究视觉感知，制作了一个让双眼视野内容上下颠倒的眼镜，刚刚戴上眼镜的时候，整个行为变得失调，当想向上伸手的时候，本能地向下伸手，甚至产生了头晕和呕吐的现象。这种体验类似我们把电脑的显示器倒转过来使用鼠标的感觉。在佩戴眼镜 8 天之后，行动竟然变得协调，视野也变得正常了。当再次摘掉眼镜的时候，获得的感受和刚刚戴上眼镜一样，产生了严重的行动失调和晕眩，并且花了几乎同样的时间来恢复视野及协调能力。通过这个实验，证明了我们处理视觉信息的能力与视野方向并无直接关系，而视觉系统与其他运动及平衡系统协调的关系，是靠后天建立起来的。在这个 100 多年前的实验中，我们依然可以从虚拟体验的角度获得很多有价值的判断。眼睛作为传感器来接收可见光光谱内的电磁波，将之转换成生物电信号进行传播。大脑具有信号的接收、处理、协调功能，与眼睛传入的信号并不是完全的绑定（这一点我们从人工耳蜗的例子中也可以再次印证）。而大脑在接收到神经允许范围的信号之后，可以将其解析成形象的感觉，让我们的意识进行感知。我们还可以发现，我们的大脑对于信号进行熟悉与习惯的速度非常得快，可以让我们在几天之内获得一种新的“感觉”能力。继续分析人工耳蜗的例子，如果我们在人工耳蜗内输入的不是声音转换成的电信号，而是其他形式的信息信号，大脑会不会进行处理呢？听觉的脑神经一定要处理声音信号呢？或者说大脑是如何判断一个电信号一定是“声音”的？在另一个例子里，Brain Port 公司通过一个有 400 点的芯片来刺激盲人的舌头，来重建简单的视觉感受。通过口含装置来获得简单的视觉，就可以代替手杖避开障碍物。这个例子里，舌头的触觉神经被用来处理 400 个点（虽然不多，也不足以建立真正的视觉系统，但是可以看作是一个足够有说服力的尝试。）的视觉信息号，将触觉神经及脑部神经反射区来处理视觉信息也是可以的。

可以大胆地设想一下，从感受器到神经反射区，虽然具有对应的功能划分，但每部分的神经反射区具备的基础反应能力是相同的。如果基于后天的训练与调整，让对应不同感受能力的区域获得相应的处理能力，并且训练这部分感受与其他感受的直接关联，就可以建立对应条件反射的通路。基于这个假设，我们就可以把每一束神经看作只是一个信号的管道而已，本质上都是通过感受器（无论何种感受器）产生电信号，再通过神经传输，最后由脑组织进行处理。那么我们就可以如同Brain Port公司为盲人做的那样，来“劫持”其他感官的通道，甚至可以忽略感受器，直接向神经输送信号。在被“劫持”的神经通道里，我们可以持续输入相应的信号，来产生新的感觉。输入信号的内容不一定仅仅限定于人本身具有的感知能力，也可以是其他信息如编制成电信号的股票交易事实流水信息。当然，处理非人固有的感知信号，理解的过程肯定会更加困难。

如果这个假设真的成立，我们就有机会去理解多维时空（超过三维，且每个坐标轴维度之间都相互垂直），如五维或者十维。我们对于“空间”的感知，其实是被我们的感受器官的属性限制了，如果我们可以对我们的大脑直接输入信号，并通过训练对信号形成感知能力，那么笔者相信，我们的大脑可能有能力处理很多我们现在都无法想象的信息内容。

我们的大脑不仅可以对信号进行解析与感知，还可以进行模式的识别。比如我们通过视觉识别的文字、颜色意义、标示；通过声音识别的语言、音乐等。那么当我们输入了新的信号给我们的大脑，也会形成某种给予信号模式识别的办法。

我们的大脑变成了真正的计算机。每一根神经及其对应的感受器与大脑皮层反射区，就可以看作是一个独立的处理回路，而整个大脑的各种神经活动，就可以看作是一个每个回路并行的巨大的信息处理系统。更为强大的是，在每个回路之间，大脑还会进行系统性的比对、关联等神经活动，形成我们各种各样的神经反应与感知意识。走到这一步，我们彻底将大脑变成了一个具有感觉的多用途计算机。既然感觉可以来自于多种多样的感受器，或者来自于电信号，由感觉形成的意识，也就可以体会各种各样的体验。基于这种可以改变的感觉，我们可以创造出无数的我们基于现实生活无法想象的“超感知世界”（我们先暂且这么称呼）。

没有见过的世界基于的是没有感受过的信息内容，甚至这种感受的方式在笔者写作的时间里是没有出现的。这些世界的建立，一定是给予深度用户的感知体验和探索创新精神。而对于没见过的世界的开发，就是对人脑的开发。电影《超体》为我们戏剧化的畅想了大脑潜能得到充分发挥后，所能爆发出的价值与力量。当然电影归电影，我们现实中的技术还是需要逐步地发展。而当我们把大脑的能力从感官的限制中释放出来之后，可以发展的空间将变得无法想象。到了那个时候，甚至无法分辨现在我们讨论的“真实”与“虚拟”，所有的信息均是真实的，只不过有些信息是从真实世界通过传感器采集而来的，有些信息是凭空建立在虚拟世界里面的。笔者非常好奇，当我们的大脑在各种信息流支持下脱离了自身感知，进入到超越自我的感知层面时，到底是一种什么样的感觉。

7.5 超越现实世界的价值

我们可以从网络的发展来观察经济价值的迁徙与创造。所谓迁徙，指的是很多一直存在的价值，从一种形式转变成另一种形式。比如我们非常好理解的电子商务及广告这两个互联网最为常见的收入方式。亚马逊在过去 15 年中快速成长，而将观察的时间维度放长到 30 年或 40 年，你会发现在那时候蒸蒸日上的沃尔玛所做的各种销售终端的建设与发展，与现在的亚马逊，及未来在虚拟世界上可能出现的新型的销售渠道一样，实现的是相同商品渠道销售的价值；变化的是平台的迁徙，从线下实体到网络电子商务。未来在虚拟体验，甚至是纯粹的虚拟商品的价值，对于现有的现实世界的价值转移加上新产生的虚拟平台上的渠道价值，必然可以超越现有的商业渠道的价值，而同时更加聚集、快速、精准化的渠道，也必然会有更高的价值。再比如从纸质媒体到电视媒体，广告一直是一种非常稳定的基于关注及信任的价值变现方式，而在现在同样的价值体现在互联网广告、移动广告、搜索引擎等新生的平台上，甚至是自媒体的平台，而其核心价值并没有变化。在未来的虚拟世界的初期，虚拟内容的营销方式和思路可以通过网络及移动广告的方式来进行运作，而当世界发展得更加成熟的时候，也会演化及开发出全新的广告方式，而虚拟体验真实而丰富的体验，不但将广告的媒介价值发挥到最大，而且还可以更好地连接其他的应用、品牌及商业。

我们看到，单单是我们熟悉的价值与内容，在经济上就存在着集成与发展两部分的价值，虽然单一的参与并不一定可以完整地实现全部的商业价值，但是行业相互的弥补可以非常好地覆盖这两部分的经济价值。除了经济价值以外，还有众多的“价值”。我们看到，虚拟体验及之后的虚拟化生存模式，还带来了更多的社会价值、文化价值，以及在进化层面为我们带来的价值。

在虚拟世界大门初开的几年中，虚拟内容及应用存在方式对社会经济文化起着决定性作用，很可能就是各类现有行业，如媒体、影视、游戏、地产、旅游等行业的辅助功能，甚至短时间作为新奇噱头存在。而从长远看来，这次转变带来的价值绝非一次消费电子产品潮流那么简单。无论是机械、电子、网络、生物、医疗等创新领域，都在不断地产生新的价值，而经历了第二次世界大战之后的 70 年时间的充分的发展，整个人类社会对于工业化生产的能力已经可以很好地满足社会消费的需求，计算机技术、网络发展创造出的新价值，推动着整个经济体系的继续前进。而虚拟技术不仅作为新的技术可以刺激经济的发展，还通过创造新的虚拟空间生活，建立以前不敢想象的虚拟价值范围，创造更多的新需求和商业机会。这种在虚拟空间产生的价值，也不再受到众多现实要求的限制，可以真正独立地形成完整的、完善社会化的虚拟世界。

这个世界中本身就可以创造新的“价值”，虽然是虚拟的内容和权利，但是对于沉浸在虚拟体验中的用户来说，虚拟内容是那么的“真实”。我们可以想象，未来人类可以依靠高质量的混合食品来提供身体所需要的各种营养元素，这些代替性食物甚至可以在未来免费获得，而我们会为我们可以品尝到的虚拟“美餐”而支付“费用”。当然，虚拟世界中使用的货币和支付方式也将完全不同。当虚拟世界建造得足够真实和完善的时候，那么在虚拟世界中就可以建立完整的经济体系。这个经济体系的输入与现实世界不完全相同。现实世界中整个全球的经济系统，在不断吸取来自自然界的能量、矿产，通过越来越先进的技术和方法，将这些原材料及能源加工成各种类型的使用价值及产品，同时废弃被使用过的垃圾。而虚拟世界没有资源的输入，只有基于数字化信息的体验的建立。这些体验来自于开发人员的策划制作和现实世界的实境采集。通过数字信号进行传递，并且可以记录这些体验被使用的次数。现实世界的采集及体验创造者的脑力付出就是虚拟体验世界的矿产资源。体验内容对于使用者的价值甚至是现实体验不能代替的，所以就有了供求关系，也才有了经济系统的模样。在未来，虚拟内容和价值的生产和消费会形成最终的统一，由在虚拟世界中生存的人来进行创造及消费。因为内容不再受到现实物质资源的局限，虚拟内容的产量也会呈现爆炸式的增长。虚拟体验会经历一个很长时间的尝试的过程，最终稳定在一个社会供求关系平衡的节点。在这种动态变化过程中，开荒、发展、整合、和平、升级、创新等人类在拓展自然界疆土过程中发生过的各种阶段，也必然会在拓展虚拟内容的过程中再现。而区别是基于数字内容的发展会比自然界的探索快得多，因为虚拟世界的疆域是人制造出来的，也并不受自然领土的限制。那么这即将是自个人计算机应用、网络应用之外的又一次巨大的拓荒过程。而轮到超越现有的世界的价值，从消费愿意的评估上，可感知的东西的价格更容易被消费者接受，而在虚拟世界中可以创造出来的价值并不仅仅局限在现实世界现有的内容上。现实世界的物质已经相对充足，而虚拟体验的独特性会制造出无数的可能性，每一种可能性都对应一种体验的价值。

我们现在计算的价值，均为虚拟体验独立的价值。而在未来的发展中，虚拟体验一定会和现实世界充分地交融在一起，虽然我们分别从虚拟体验与现实世界商业价值的角度看过去，虚拟体验的价值不尽相同，但是我们从长远的角度来看，虚拟体验无论是通过简单的佩戴装备还是更加深层次的神经电子的方式进行整合，都会强化我们人类的感知、信息能力，这种能力的提升要远远强于、快于基因的提升。并且现在已经存在的互联网就可以让人的感知连为一体，达到之前难以完成的联通。在手机普及的今天，如果要通知全世界每个人同一件事情，那么可能发短信，后者是社交媒体中速度最快的。想象一下，虚拟体验可以让人在第一时间同时感知同一个信息或感觉，会造成多么强大的效果。而在未来可以掌握虚拟体验中信息推送渠道的机构和个人，拥有跨越时间空间的直接影响力。

结束语

无论信息、体验、虚拟对象和商业价值如何发展，虚拟体验总会与现实密不可分，也会完全改变我们世界和生活。我们今天的畅想，一定是带着昨天的狭隘和以自我为中心的夙愿。而这些并不会影响能真正改变我们生活的巨大趋势。早在 20 世纪 90 年代末出现的“多媒体”计算机，已经可以呈现现在主要的内容形式，如视频、音乐与游戏等。在那时候，数字化的体验已经正式的和现实世界悄悄分离了。我们回首过去的 20 年，从内容形式早已初现雏形，而不断升级的就是信息、内容与人沟通的方式及界面。现在虚拟现实设备，增强现实设备，把内容通过更容易被本能接受的方式呈现，能让我们脱离台式计算机的显示器、脱离手机狭小的屏幕，直接地去感知信息。现有的虚拟设备、技术与内容的发展，只是揭开了帷幕的一个小小的边角。

本书的讨论，仅仅是以现实的信息及对过往信息发展历史的观察，而进行的推演与预言，相信真实的发展，在一个长远的阶段中，一定会带来远远超越本书提及内容的丰富形态与结果。我们每个人也许并不能立刻投入到虚拟体验的产业中，也无法自主地挑选在复杂产业环境中所处的位置，但是我们可以做的是更多地了解行业的发展、核心技术的进步及对于可能性的有益的充分的设想和探讨。虚拟体验需要伟大的智慧、伟大的商业能力、伟大的创造力与伟大的预见性结合在一起，才能真正地推动一个全新维度的世界出现。个人计算机及智能手机刚刚出现的时候，我们也是仅仅将其当成一个可有可无的有趣的电子产品来看待，而经历了产业和行业的发展，我们可以看到，这些曾经被人轻视的产品可以爆发出巨大的、横扫全球的文化、商业与经济价值，甚至推动了很多其他行业的更新换代与发展。网络本身用于单纯的学术交流与通信，但现在的互联网连接了一切的价值和能力，已经悄悄改变了生活中的每一个细节。而虚拟体验，因为它可以给人太过真实的感受，并可以整合个人计算机、移动智能设备、互联网信息技术多年积累下来的能力和价值，形成一个新的存在形式上对世界的改变更加直观的被观察，被了解，也为社会的生存运转打开了巨大的空间。

更多的信息与更多的畅想，也就留给读者自己去思考。笔者希望读者不仅是阅读笔者写下的内容，而更多的是能引发思考，甚至质疑或争论，对虚拟体验进行更加深入的商业推演。笔者会在网络上进行信息的持续更新，读者可以搜索笔者的微信公共号，里面会有重要的信息更新及相关动态的评论，也希望能和读者持续地分享自己的视野和观点。